U0162376

坐月子怎么吃

孟斐 编著

天津出版传媒集团
天津科学技术出版社

图书在版编目（CIP）数据

坐月子怎么吃 / 孟斐编著 . —天津 : 天津科学技术出版社 , 2013.12
（2022.3 重印）

ISBN 978-7-5308-8592-5

Ⅰ . ①坐… Ⅱ . ①孟… Ⅲ . ①产妇 – 妇幼保健 – 食谱 Ⅳ . ① TS972.164

中国版本图书馆 CIP 数据核字（2013）第 304227 号

坐月子怎么吃

ZUOYUEZI ZENMOCHI

策划编辑：刘丽燕　张　萍

责任编辑：孟祥刚

责任印制：兰　毅

出　　版：天津出版传媒集团
　　　　　天津科学技术出版社

地　　址：天津市西康路 35 号

邮　　编：300051

电　　话：（022）23332490

网　　址：www.tjkjcbs.com.cn

发　　行：新华书店经销

印　　刷：北京德富泰印务有限公司

开本 720×1 020　1/16　印张 21　字数 410 000

2022 年 3 月第 1 版第 2 次印刷

定价：68.00 元

在中国，为了调理怀孕期间及分娩时带给新妈妈的种种不适，新妈妈们将迎来女人生命中一个非常重要的时期——“月子期”。根据西汉《礼记内则》一书中的记载，坐月子又称“月内”，距今已有两千多年的历史，是产后女性调理身体以及为哺乳期补充营养的关键时期，新妈妈们要在这段时间内通过多种方法将大伤元气的身体恢复到产前的状态。

而俗话说的好，“药疗不如食疗，药补不如食补”，对于新妈妈来说，饮食调养是坐月子中不可缺少的项目，孕育分娩的损耗都要靠坐月子期间的饮食补回来。像用丰乳通乳的鲫鱼做成的当归鲫鱼汤、健脾补虚的乌鸡做成的乌鸡白凤蘑菇汤、补血养颜的芝麻做成的黑芝麻糙米粥、促进乳汁分泌的木瓜做成的木瓜椰汁西米露、提高母乳质量的鸡蛋做成的肉末蒸蛋、美容通乳的猪蹄做成的猪蹄炖茭白、滋阴养血的小米做成的花生红枣小米粥、促进恶露排出的红糖做成的花椒红糖饮等菜品，都可以帮助新妈妈迅速恢复健康，分泌乳汁，重塑完美身形。

全书精心挑选了近300道营养美味的月子菜，并根据现代医学对产后进补的要求，以时间段的形式将内容分为生产当天的饮食要点、产后第一周、产后第二周、产后第三周、产后第四周等章节，详细介绍了月子期最适合进补的食材与药材、月子饮食调养原则、月子饮食

误区、新妈妈产后恢复美丽的食疗方、产后每一天每一周新妈妈的身体变化、营养需求和护理建议等内容，且将顺产妈妈、剖腹产妈妈、哺乳妈妈、非哺乳妈妈分开来介绍，让新妈妈按照个人情况进行科学进补。同时还针对“产后体痛”“产后便秘”“产后缺乳”“产后贫血”“产后抑郁”“恶露难尽”等问题，整理出来80道月子里的对症调养药膳，帮助新妈妈轻松度过月子期。

科学的进补理念，丰富实用的内容，新颖的月子菜品，相信本书一定能帮助新妈妈们从容度过月子期，重塑健康美丽身姿。

contents

目录

第1章 科学坐月子，幸福一辈子

第1节 科学看待坐月子

第2节 月子饮食调养原则

第3节 月子饮食误区

第4节 月子里的食补窍门和烹饪秘诀

第2章 产后调养食材与滋补药材

第1节 月子餐常用食材

第2节 适合清补的食材与药材

第3节 适合温补的食材与药材

第4节 适合月子里吃的水果

第3章 生产当天的饮食要点

第1节 临产前吃什么

第2节 产后第1餐

第3节 产后第2餐

第4节 产后第3餐

第4章 产后第1周

第1节 新妈妈的身体变化

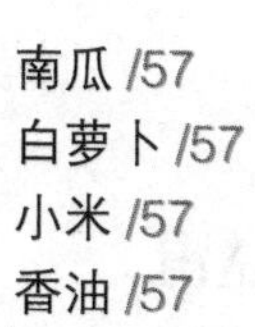

第2节 最适宜新妈妈吃的8种食物

第3节 产后第1天，美味滋补，赶走疼痛

第4节 产后第2天，排出恶露

第5章 产后第2周

第1节 新妈妈的身体变化

第2节 本周必吃的滋补食物

第3节 第8～14天的炖补方案

第6章 产后第3周

第1节 新妈妈的身体变化

第 2 节 本周必吃的补气养血食物

第 3 节 产后第 15 ~ 21 天的炖补方案

第 7 章 产后第 4 周

第 1 节 新妈妈的身体变化

第 2 节 体质恢复关键期

第3节 提升元气的6种食材

第4节 产后第22～28天的炖补方案

第8章 月子里的对症调养药膳

第1节 缓解产后身体疼痛的药膳

第2节 预防产后便秘、痔疮的药膳

第 3 节 改善产后缺乳的药膳

第 4 节 调补产后贫血的药膳

第 5 节 赶走产后抑郁的药膳

第 6 节 消除产后恶露难尽的药膳

第 7 节 预防乳腺炎的药膳

第9章 新生儿喂养常见问题

第1节 新生儿常见哺乳问题

第2节 新生儿常见护理问题

第10章 新妈妈产后恢复美丽的食疗方

第1节 合理膳食，让新妈妈美丽回归

第2节 产后养颜祛斑食疗方

第3节 产后防脱发食疗方

第4节 产后减肥食疗方

第5节 产后丰胸食疗方

第1章

科学坐月子，幸福一辈子

第 1 节 科学看待坐月子

坐月子，休养生息的好时机

坐月子是休养生息的好时机。所谓“产前补胎，产后顾月内”，坐月子对母亲、婴儿都很重要，长辈们常要求要遵循古法。她们甚至强调月子坐得好，体质才能调养得好，因此坐月子就成为产妇不能免俗的过程。然而，坐月子这段时间，高热量的麻油鸡、麻油腰子、麻油猪肝、猪脚炖花生等药膳不但是既定的食物，且务必要使用米酒水。

另外，饮食建议中还规定产妇不能喝水、不能吃盐等。面对种种的饮食限制，它的来由是什么？对于怕胖的妈妈们，心中一定也很纳闷：月子非得要吃得这么补吗？生产前，腰部交感神经兴奋，促成子宫蠕动、阵痛、收缩，小孩才能从子宫中娩出。在这过程中，产妇的腰椎间盘、子宫壁的肌肉、子宫颈、阴道、会阴容易受伤；同时也容易因失血过多而产生头晕和口渴现象。为了调整体质，坐月子就成了休养生息的最好时机。

传统坐月子饮食的合理之处

1. 产后妈咪多喝汤

从分娩到泌乳，中间有一个环节，就是要让乳腺管全部畅通。如果乳腺管没有全部畅通，而新妈妈又喝了许多汤，那么分泌出的乳汁就会堵在乳腺管内，严重的还会引起新妈妈发热。所以，要想产后早泌乳，一定要让新生儿早早吮吸妈妈的乳房，刺激妈妈的乳腺管全部畅通，再喝些清淡少油的汤，如鲫鱼豆腐汤、黄鳝汤等，对妈妈下奶有帮助。

2. 新妈妈喝红糖水补血

红糖营养丰富，释放能量快，营养吸收利用率高，具有温补性质。新妈妈分娩后，由于丧失了一些血液，身体虚弱，需要大量快速补充铁、钙、锰、锌等微量元素和蛋白质。红糖还含有“益母草”成分，可以促进子宫收缩，排出产后宫腔内瘀血，促使子宫早日复原。新妈妈分娩后，元气大损，体质虚弱，吃些红糖有益气养血、健脾暖胃、驱散风寒、活血化瘀的功效。

传统坐月子的饮食陋习

不论是传统方式还是现代方式，坐月子都是为了让产妇的身体能够恢复得更好更健康，对于绝大多数的新妈妈来说，产后的照顾多是由自己的家人照顾，所接受的传统方法相对多一些。那么，下面就为大家解说几种传统坐月子的陋习。

1. 陋习 1：汤比肉有营养，光喝汤不吃肉

正确观念：肉比汤的营养更丰富，汤和肉应一起吃。从生理上讲，产妇的新陈代谢比一般人高，容易出汗，又要分泌乳汁哺育婴儿，所以，需水量比一般人高，产妇多喝一些汤是有益的。但是，只喝汤不吃肉的做法是不科学的。因为蛋白质、维生素、矿物质等营养物质主要存在于肉中，溶解在汤里的只有少数，肉比汤的营养要丰富得多。

忠告：肉和汤一起吃，既保证获得充足营养，又能促进乳汁分泌。

2. 陋习 2：高蛋白多多益善

正确观念：蛋白质充足不过量，保证均衡营养。

民间认为，产后气血大亏，需要大补大养，因此主张“坐月子”应该吃得越多越好。产褥期补充优质蛋白质是非常必要的。但是，蛋白质过多会加重胃肠道负担，引起消化不良，诱发其他营养缺乏，发生多种疾病。还会造成肥胖。

忠告：产妇每天吃适量鸡蛋、鱼禽肉类、奶及奶制品、豆制品就能保证蛋白质的需求量了。

3. 陋习 3：补钙不只喝骨头汤，奶类才是最佳补钙食品

女性产后担负着分泌乳汁、哺育婴儿的重任，对钙的需求量较大。若膳食中钙供给不足，母体就会动用自身骨骼中的钙，以满足乳汁分泌的需要。这样一来，造成了自身骨质疏松，对新妈妈今后的健康不利。

有人认为，产后要补钙的最佳办法是多喝骨头汤。其实，骨头汤中的含钙量并不多。补钙的最佳食品是奶和奶制品，不仅含钙量多，吸收率也高，是新妈妈补钙的极好来源。

忠告：新妈妈每天喝 250 ~ 500 毫升牛奶，吃虾皮、芝麻酱、豆腐等含钙丰富的食品，如此就能达到补钙的目的。

正确坐月子饮食 3 要诀

1. 要诀 1：阶段性食补

中医典籍《金匮要略》指出，“新产妇人亡津液、胃燥”，新妈妈产后非常虚弱，消化吸收还不顺畅，如果此时摄食过多的养分，反而会造成“虚不受补”的现象。所以产后饮食需要按照身体复原做阶段性规划，才能循序渐进顺利复原。

第 1 周——代谢排毒、活血化瘀

第 1 阶段，也就是产后第 1 周，这时新妈妈体力很差、全身肿胀未消，肠胃尚在“休眠”中，子宫正在强力收缩，恶露大量排出。这时候的饮食调补重点在于促进肠胃功能的“苏醒”，促进恶露和水分的排出，并补充体力，提高抵抗力。

第 2 周——养腰固肾、收缩内脏和骨盆腔

随着子宫入盆腔，促进脾胃功能的恢复和内脏的复位、收缩就成为本周食补的重点。因为脾胃是气血生化之源、后天之本，与营养吸收、内脏收缩密切相关，调补到位才能帮助妈妈吸收营养。

第 3 周——滋养泌乳、补中益气

新妈妈已经逐步恢复，母乳质量也趋于稳定，产后第 3 阶段的调补重点就在于滋养泌乳，补充元气。母乳是妈妈的精血生成的，只要产后调补得宜，气血顺畅，奶水就会源源不绝；而哺乳会消耗大量能量，所以这时滋养进补是最恰当的时机。从这周开始，妈妈可以开始选择麻油鸡汤、花生猪蹄汤等蛋白质含量较高、比较滋补的菜色。

第 4 周——滋养泌乳、改善体质

这是新妈妈即将迈向正常生活的过渡期，妈妈的体力、肠胃、精神都已恢复良好。到了这一周千万别松懈，更应该严格按照坐月子的饮食和休养方式，使体力更加充足，才能巩固整个坐月子的成果，帮助妈妈达到最佳体力与健康状态。

2. 要诀 2：产后温和热补

中医典籍《傅青主女科》指出，产后“寒则血块停滞，热则新血崩流”，所以产后需要温和热补，才能有效补气补血，并避免加重热性症状的不适；月子食用油的选择是温和热补的关键。

黑芝麻中所含的芝麻素、芝麻酚的营养成分更具有解毒保护肝脏、抑制胆固醇、抗氧化等多种作用；此外，黑芝麻含钙量是牛奶的 10 倍。产后新妈妈容易掉发、白发、便秘、黑色素沉着等。黑芝麻性质温和，能够温补身体，预防和解决以上问题。

生姜能解表散寒、温肺止咳、温润子宫，而生姜皮利尿消肿，搭配黑芝麻低温烘焙而成的黑麻油，能够暖化温补子宫、活化内脏，更能起到温和热补的效应。

建议坐月子时，每餐都以黑麻油文火爆透老生姜，再翻炒食材，随之炖煮。但是老生姜爆到金黄色即可（即生姜的两面皱起来），切不可爆到焦黑，以免引起上火症状。

3. 要诀 3：用去除酒精的米酒精华炖煮餐点

南方和华东地区坐月子的传统习俗是使用米酒或酒酿（醪糟）煮月子餐，这是因为古代饮用水无法消毒杀菌，只好使用米酒煮食，而米酒酒精成分高达 20%，现代家庭就算经过高温煮食，也会残留酒精。根据研究，酒精成分会延缓产妇伤口愈合，也会通过奶水传输给宝宝，将造成宝宝嗜睡、影响大脑发育，非常不适合产妇食用。

由于产后全身细胞呈现松弛状态，而孕期体内的水分比孕前增加 1/3，这种生理性水肿会在产后代谢排出，所以建议一般饮用水不要一次性喝太多，以免增加肾脏负担，水肿不易消除，也可能造成内脏下垂，进而形成水桶肚、水桶腰。

建议采用完全去除酒精、保留米酒营养精华的月子餐专用汤头，直接用于煲汤、煮粥、煮饭，如此一来，既避免酒精带来的伤害，更可帮助产后妈妈补充能量、畅通气血，促进新陈代谢、加速身体复原。

过度坐月子，当心反效果

坐月子的进补疗程一直被视为是产后改变体质的重要阶段。但是现代人的生活水平与质量已经普遍提高，平时所摄取的营养也已经足够，因此产后如果过度进补或补得不恰当，可能要当心补出反效果。过去的农业社会里，因为妇女平时必须劳动，再加上营养本身就不足，才会形成生产过后利用坐月子的时期好好地休息或进补，来补充平时营养不足的部分。但是反观现代社会，生活的水平已经提升，妇女在平时已经很少有运动的机会，也造成肥胖率的增加，而在生产过后又要拼命地进补，各位妈咪们在坐月子进补时可要认真地想一想是否有必要进补以及进补的量。

现代坐月子的营养观

由于产后需喂哺母乳，再加上身体经过严重的生产耗损，所以应当及时补充各种营养成分。产后在食物的选择方面，应尽量多样化，以便获得更多的营养来源。依哺乳期每日饮食指南及产后身体状况需求，你需要把握以下饮食原则，产后轻松保健才无负担，科学的营养观是：

1. 热量

哺乳妈妈每日热量建议量为 9660 千焦，一些动物性食品如鸡、鸡蛋、猪、牛、羊肉等，含热量丰富，产后妈咪可以多食用。

2. 蛋白质

富含蛋白质的饮食包括：牛奶、肉类、海鲜、蛋类及黄豆制品。

3. 矿物质

（1）钙：哺乳期每日钙的建议摄取量为 1100 毫克。牛奶、小鱼干、大骨汤及乳制品是优良钙质的丰富来源。

（2）铁：对于血液合成及身体组织新陈代谢十分重要，哺乳期每日建议量为 45 毫克。

4. 鱼肉豆蛋类

海产、鸡肉、猪肉、牛肉等。这些含蛋白质食物在身体内可促进组织生成，有帮助细胞成长的作用。

5. 蔬菜水果类

蔬菜、水果含有丰富的维生素 C、水分、矿物质以及食物纤维，都是人体所必需的营养，且多吃食物纤维可防便秘。

6. 牛奶及乳制品

建议每日饮用牛奶 1 ~ 2 杯，除提供蛋白质帮助组织的修补外，还可以提供丰富的钙帮助骨骼生长。

产后均衡饮食 9 大原则

产后坐月子期间，卧床休息多、喝水量不够、蔬菜或食物吃得少，造成肠蠕动不足，会导致便秘，因此每天水分、新鲜蔬菜、水果、适度的运动都不可少。产后在食物的选择方面，应尽量多样化，以便获得更多的营养来源。依行政院卫生署哺乳期每日饮食指南及产后身体状况需求，把握以下饮食原则，产后轻松保健无负担。

1. 五谷根茎类

主要是提供身体活力及产生热量的淀粉质食物。供应的形态多样化，如米饭、锅巴、面条、

面包、麦片、饼干、甘薯（地瓜）和马铃薯等。每日建议摄取量是 3 ～ 5 碗，而每一碗米饭（200克）等于两碗稀饭，或是 4 片薄片吐司。

2. 鱼肉豆蛋类

鱼肉类提供动物性蛋白质；豆蛋类提供植物性蛋白质，摄入这些食物有帮助细胞成长的作用。哺乳期每日摄取量 150 克肉类，1 个鸡蛋、1 块豆腐或 6 只虾仁所含的蛋白质亦相当于 150 克肉。

3. 蔬菜水果类

蔬菜、水果含有丰富的维生素 C、水分、矿物质以及纤维素，是人体所必需之营养。每日摄取量分别是：深色绿叶蔬菜 3 碟、水果 2 个。多食用一些有色蔬菜，如绿色或黄红色蔬菜。

4. 牛奶及乳制品

牛奶建议每日饮用 1 ～ 2 杯。宜选用脱脂牛奶。

5. 油脂类

每日建议使用量是 45 毫升。猪油、牛油等动物性油脂，因容易引起心血管方面的疾病，所以尽量少用。

6. 调味宜清淡

少盐而非无盐，因为缺钠会出现低血压、头昏眼花、恶心呕吐、食欲不振、无力等症状；吃太咸则加重肾脏负担，产妇体内多余水分不易排出，又使得血压升高。所以低盐才健康。

7. 烹调用酒要适宜

最好避免用酒烹调；怕影响伤口愈合、自然生产者，头一个星期不要用酒；剖腹产者则前两周也不宜用酒。

8. 食物选择技巧

可选择易消化吸收且能顺利排出恶露及迅速恢复体力的食物。

9. 持续追踪健康问题

例如有妊娠糖尿病者，产后要继续追踪血糖，并持续减肥、节制甜食、增加运动，以便早日改善血糖状况。

坐月子必备护理品

1. 哺乳衣

新妈妈在坐月子的时候要哺喂宝宝，但要经常解开衣服的纽扣是很不方便的，所以新妈妈可以选择哺乳衣。哺乳衣不仅可以方便新妈妈哺乳孩子，而且在外出的时候还可以避免哺喂孩子的尴尬。新妈妈可以各买两套外出的和睡衣式的哺乳衣，方便替换。

2. 哺乳文胸

带上哺乳文胸，乳房有了支撑和扶托，促进了血液循环，有促进乳汁分泌和提高乳房抗病的能力，还能保护乳头不被擦伤。

3. 内裤

新妈妈生产后，由于恶露等原因要经常换卫生巾，所以新妈妈们可选择一些产后专用内裤，它们的裤裆是可以随意打开的，这样会方便很多。

4. 月子帽

坐月子时头部的保暖很重要，在室内温度适宜时可以不戴月子帽，但外出有风的情况下，新妈妈们还是需要戴上月子帽或月子头巾。

5. 束缚带

束缚带主要是补充肌力不足、腹部松弛。用束缚带帮助收腹时不要过紧，位置不要太高。最好晚间睡觉的时候也使用着。

6. 卫生巾

新妈妈在月子期间会出现恶露等状况，卫生巾的选择不容忽视。新妈妈可选择专门针对月子期的专用卫生巾。

月子里常见问题答疑

自古以来，我国妇女都很重视坐月子的这一段时间，认为月子做得好坏对妇女以后的健康都影响重大。那么坐月子要注意什么呢？以前坐月子遗留下来的老规矩要不要遵守呢？针对这些问题，下文将进行讲解。

1. 坐月子期间，房间内的室温多少度比较合适

专家回答：房间里面要购置温度计、湿度计，温度在 25 ~ 26℃，湿度在 50% ~ 60% 比较合适。温度过高，特别燥热，孩子的体温中枢就会发育得不好。居室环境特别热，小孩会发热。温度要是低，小孩就容易着凉、感冒，得肺炎。如果湿度特别大，比如说天气特别闷热，产后觉得特别闷，不舒服，小孩喘气就不舒服。

2. 坐月子老习俗对不对

专家回答：过去旧的观念，比如说多喝红糖水，多吃鸡蛋，关门闭窗，产妇一个月不洗澡、不刷牙不洗脸，屋子不能有风等，都是不可取的。其实在居室环境每天上下午各通一次风。在吃的方面，不是说吃得越贵越好，越精越好，饮食的原则就是荤素搭配，粗细搭配，干稀搭配，营养要均衡、全面、比例适当，这是比较好的营养配餐。在新生儿护理方面，纯母乳喂养 4 ~ 6 个月最好。如果要选择配方奶的话，要慎重选择。

3. 顺产阴切该怎么护理

如果顺产且阴切，如果是侧切，每天都要冲洗会阴，在家的话，用清水洗就可以了。会阴侧切一般三个整天就能愈合。愈合后无须特别护理。正常饮食即可。

4. 产后坐月子保暖防风相关问题

坐月子期间完全可以洗澡洗头。洗头以后也可以用电吹风吹干。冬天，室内保证适宜温度就可以洗澡。也可以用热毛巾擦拭下身。需要注意的是坐月子期间最好不要碰凉水。脚也不要踩在凉地上。

第 2 节 月子饮食调养原则

依体质"量身打造"

在坐月子期间，"饮食调养"扮演着重要角色，但并非大量进补就是恰当的。产后的补身不应局限于营养的补充，而是依照产妇的体质，选择"合宜"的药膳与食材，才能迅速恢复生理机能。找到适合自己的食材与药膳，才能补得好、补得巧，真正达到"坐月子，养身子"的效果。

人的体质一般可分为寒性体质、热性体质、中性体质等三大类。寒性体质肠胃较弱，适合温补，但须避免过于油腻的烹调方式，以免肠胃不适；热性体质易上火，食物中要减少生姜、酒的用量。

以下为不同体质的食补要领：

1. 寒性体质

（1）体质特征：脸色苍白，容易疲倦，四肢容易冰冷，大便稀软，尿频量多、色淡，头晕无力，容易感冒，舌苔白，舌淡白，喜欢喝热饮。

（2）食补要领

① 适合以温补的食物或药膳，来促进血液循环。

② 可以多吃苹果、草莓、樱桃、释迦等水果。

③ 烹饪方式应该避免太过油腻，以免造成肠胃的不适。

2. 热性体质

（1）体质特征：脸红目赤，身体燥热，容易口渴，容易嘴破，舌苔黄、舌质红赤，易患便秘、痔疮，尿量少、色黄有臭味，容易长青春痘，心情易烦躁。

（2）食补要领

① 减少酒、香油、生姜的用量。

② 不宜食用荔枝、龙眼、杧果。

③ 平常可吃柳橙、草莓、葡萄、琵琶等水果以及丝瓜、莲藕、绿色蔬菜、豆腐等。

3. 中性体质

（1）体质特征：不寒凉，不燥热、食欲正常、舌头红润、舌苔淡薄。

（2）食补要领

① 饮食搭配上较具弹性，可以采食补与药补交替食用。

② 若出现口干、嘴破、长痘的症状，则建议多用食补，暂停药补。

选择新鲜、温和的食材

现代人饮食丰盛，营养无虞，因此坐月子期间应掌握的食补重点，在于"重质不重量"。

产妇在生产过程中，血液、含氧量与体力都大量消耗，易出现血气不足的现象，身体更虚弱、

寒冷，肠胃也更敏感。此时若饮食品质不加以控制，易造成肠胃不适、恶露增加与腹痛、腹泻、便秘等问题，食材挑选最重要的是“新鲜、温和”。

1. 选择当季新鲜蔬果

当季生产的食材，不仅新鲜度高，还可保持最好的营养成分；当季蔬果因季节条件适合成长，较少利用化学药剂催熟或冰存。

2. 避免刺激性食物

产妇应避免过于寒凉、油腻燥热的食材，以温和的食材为优先选择，因其较不具刺激性，对于活动量不大，肠道蠕动不佳的产妇而言，也较抑郁消化吸收。少吃生冷、油腻食物，少饮酒或不饮酒能避免恶露增加。

3. 选择质地柔软、易消化的食材

产妇历经生产过程，筋骨、器官、五脏六腑都很脆弱，容易受到损伤。质地柔软的食物，不但好消化、吸收效果增倍，且不会增加肠胃负担、损害牙齿，是产后第 1 周的最佳选择。

此时应避免摄入坚硬粗糙的食物与大块肉，例如花生、蚕豆、瓜子等坚硬食材，应先避免。

4. 多食新鲜蔬果，有助消化

新妈妈身体康复及乳汁分泌都需要更多的维生素和矿物质，尤其是维生素 C，它具有止血和促进伤口愈合的功效，而蔬菜和水果中就含有大量的维生素 C。另外，很多新妈妈在月子里容易发生便秘，蔬菜和水果中大量的膳食纤维可促进肠蠕动，利于通便。此外，莴苣、茼蒿、菠菜、胡萝卜、哈密瓜、木瓜、香蕉、苹果、桃子，它们的性味温和，比较适合在月子期间食用。

依阶段调整滋补重点

术后：产妇可先喝点儿萝卜汤，帮助肠道排气后开始进食。

术后第 1 天：一般以稀粥、米粉、藕粉、果汁、鱼汤、肉汤等流质食物为主，分 6 ~ 8 次给予。

术后第 2 天：可吃些稀、软、烂的半流质食物。如肉末、肝泥、鱼肉、蛋羹、面条等，每天 4 ~ 5 次。

术后第 3 天：可以食用普通饮食了，主食 350 ~ 400 克，牛奶 250 ~ 500 毫升，肉类 15 ~ 200 克，鸡蛋 2 ~ 3 个，蔬菜水果 500 ~ 1000 克，植物油 30 克左右，但需要注意的是牛奶、豆浆、大量含蔗糖等胀气食品不易食用。

术后第 1 周：太多油腻的饮食会造成肠胃负担，相当不适合产妇。配合虚弱的身体，应以营养、开胃、清淡的食物为主。

此时食补重点为补血、去恶露，应选择易消化的食物，多吃清淡开胃的粥品与汤品，如鸡汤、鱼汤；也适合多吃猪肝等动物肝脏，帮助补血。考虑伤口的复原情况，食物中不宜加酒。

术后第2、3周：可多吃杜仲、猪腰、猪蹄、青木瓜来促进乳汁分泌，并在饮食中加入些香油。忌食人参、韭菜及大麦芽、麦乳精、麦芽糖等麦类制品，以免造成乳汁减少或抑制乳汁分泌。

术后第四周：可适量吃些麻油鸡，增加蔬果的摄入量，并适时加入海鲜，如虾、贝类等养颜食材。建议以“低热量、少脂肪”为原则，才能补得营养又健康。

多元食材，营养均衡

产后身体处于复原阶段，必须摄取足够的营养与热量，补充生产时所消耗的体力和精力，营养均衡是相当重要的。产妇必须全方位摄取五谷、根茎类、奶类、蛋豆鱼肉类、蔬菜类、水果类以及油脂类等6大食物类别。

以下为产后6大类食物每日建议摄取量。

1. 五谷根茎类

（1）食物分量

① 产妇食物分量3～6碗。

② 哺乳产妇食物分量3.5～6碗。

（2）饮食注意事项：热量的主要来源，亦可食用具有补铁功效的紫米、五谷米。

2. 奶类

（1）食物分量

① 产妇食物分量1～2杯。

② 哺乳产妇食物分量2～3杯。

（2）饮食注意事项：以温牛奶最佳，忌饮冰牛奶。必要时，可以低脂奶代替。

3. 蛋豆鱼肉类

（1）食物分量

① 产妇食物分量4～5份。

② 哺乳产妇食物分量5～6份。

（2）饮食注意事项：豆类为易胀气食物，剖腹产妇在产后数日不宜大量食用。

4. 蔬菜类

（1）食物分量

① 产妇食物分量3～4份。

② 哺乳产妇食物分量3～4份。

（2）饮食注意事项：避免食用大白菜、白萝卜、茄子、莲藕、竹笋、冬瓜等寒凉性蔬菜。

5. 水果

（1）食物分量

① 产妇食物分量2份。

② 哺乳产妇食物分量 3 份。

（2）饮食注意事项：避免食用梨、西瓜、香瓜、橘子、番茄、柿子、葡萄柚等寒凉、酸性水果。

6. 油脂类

（1）食物分量

① 产妇食物分量 2 ~ 3 汤匙。

② 哺乳产妇食物分量 3 汤匙。

（2）饮食注意事项：伤口有红肿疼痛时，必须禁食含有香油及酒的食物；可食用苦茶油取代香油；生产过后一味进补、大量摄取单一食物或刻意减少食量，都是不恰当的方法。

素食者饮食调养原则

素食产妇坐月子的食补重点，其实与一般产妇大致无异，但普遍来说，素食者较易缺乏维生素 B_{12}、铁、钙以及蛋白质，应适量补充。

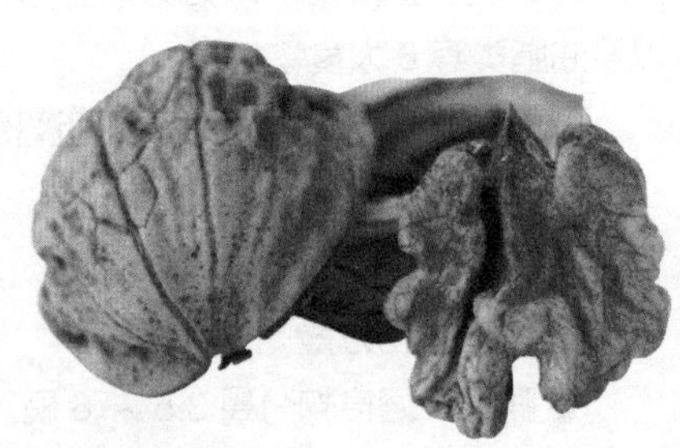

吃素的产妇容易贫血，应喝养肝汤或在饮食中多摄取深色的蔬菜、葡萄干、全谷、全麦食品，以提供丰富的铁；植物性铁较不易被人体吸收，可通过补充高维生素 C 的水果，如猕猴桃、橙子、番石榴、草莓等帮助铁的吸收，或考虑服用综合维生素。

素食者容易缺乏维生素 B_{12}，可由海藻类食物补充；另外，为加速产后体能的恢复，素食者应增加牛奶、鸡蛋、黑芝麻、黄豆及其他豆制品的摄取量，以获得足够的钙，并以黄豆制品（豆腐、豆干、素鸡）、牛奶、蛋、豆荚类及坚果类，补充所需的蛋白质。

（1）维持营养均衡：与一般产妇大致无异，但较易缺乏维生素 B_{12}、铁、钙及蛋白质，宜增加这几类营养素的补充，以达到营养均衡的目的。

（2）中药药膳调理：建议多利用中药药膳调理，才能得到较好的调养，尽速恢复体力。

（3）营养补充品：针对本身所欠缺的营养素，加入营养补充品，增添营养。

素食产妇要多补充以下 4 大营养素

1. 维生素 B_{12}

（1）补充方式：由海藻类食物、蛋、奶制品中补充。

（2）注意事项：全素者缺乏维生素 B_{12} 导致巨细胞性贫血。宜额外补充维生素 B_{12}。

2. 铁

（1）补充方式：喝养肝汤或多吃深色蔬菜、豆类、葡萄干、全谷、全麦食品。

（2）注意事项：虽然植物性铁比较不易被人体吸收，但可通过补充高维生素 C 的水果，如猕猴桃、橙子、番石榴、草莓等，帮助铁的吸收。

3. 钙

（1）补充方式：增加牛奶、蛋、黑芝麻、黄豆及其他豆制品的摄取量。

（2）注意事项：全素者可能面临钙的摄取不足，宜另外增加营养补充品。

4. 蛋白质

（1）补充方式：以豆制品、牛奶、蛋类、豆荚类以及坚果类食物补充。

（2）注意事项：可将黄豆作为日常饮食中的主食，再搭配绿叶蔬菜，可使营养均衡。

少量多餐的饮食习惯

孕期时胀大的子宫对其他的器官都造成了压迫，产后的胃肠功能还没有恢复正常，所以要少吃多餐，可以一天吃五到六次。采用少食多餐的原则，既保证营养，又不增加胃肠负担，让身体慢慢恢复。

建议坐月子期间，每餐的摄取量不宜太多，“少量多餐”是最适合产妇的进食方式，尤其是亲自哺乳的产妇。

所谓“少量多餐”，意指在正常的三餐外，可增加 2 ～ 3 次的点心，补充食用炖煮汤品。

1.1 天的饮食安排

早餐：最佳选择包括鸡蛋、酸奶、粥。

10 点半：可以选择一些低糖类的点心——如酸奶酪充饥。

午餐：鸡肉和鱼肉是丰富的蛋白质来源，蔬菜和水果是必要的维生素来源。适当摄取坚果和橄榄油对健康有益。

下午 4 点半：补充能量，进食蔬菜沙拉或吃些水果。

晚餐：菜单中需备齐含蛋白质、维生素和少量脂肪的食品。

晚上 9 点：可适量喝点儿牛奶，或吃甜点。

2. 坐月子期间少量多餐的好处

（1）避免肥胖：防止囤积热量，导致产后肥胖。

（2）稳定血糖：确保营养确实吸收，并避免血糖变化过大。

（3）保健肠胃：产后消化力较差，可避免胀气、肠胃不适。

（4）改善食欲：产妇运动量低，没有食欲，少食多餐可改善食欲。

产妇可增加点心汤品的食用，可提供体内所需要的营养，增加水分的补充，并为制造足够的母乳提供充沛的来源。同时也要避免一次吃得太多，导致身体热量的囤积，造成生产后的肥胖问题。

患有糖尿病的产妇，若吃过饱，易使血糖急剧变化，应力行少食多餐的饮食计划，并严守定时定量原则，还要更加注意糖分、淀粉类的摄取量。

第3节 月子饮食误区

误区1：产后要立即服用鹿茸

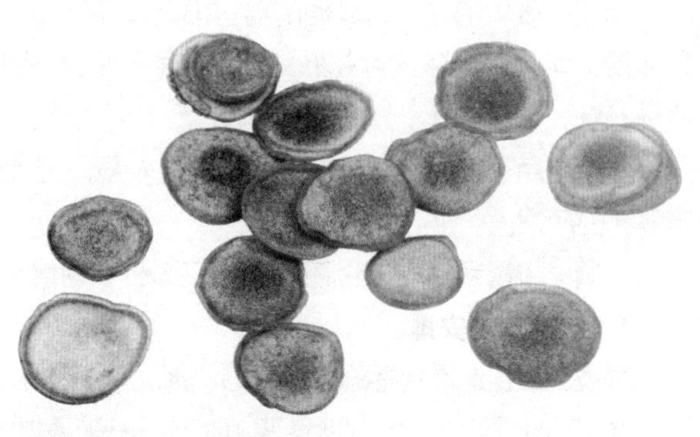

很多人认为产后服用鹿茸会有利于产妇身体尽快康复，这是因为鹿茸具有补肾壮阳、益精养血之功效，对于子宫虚冷、不孕等妇科阳虚病症具有较好的作用。但产妇在产后容易阴虚亏损、阴血不足、阳气偏旺，如果服用鹿茸会导致阳气更旺，阴气更损，造成血不循经等阴道不规则流血症状。因此，产妇不宜服用鹿茸，如果身体虚弱，可以在中医指导下服用一些适宜的药膳或保健品调理体质。

以下五种情况不宜服用鹿茸：

（1）经常流鼻血，或女子行经量多，血色鲜红，舌红脉细，表现是血热的人。

（2）小便黄赤，咽喉干燥或干痛，不时感到烦渴而具有内热症状的人。

（3）有“五心烦热”症状，阴虚的人。

（4）正逢伤风感冒，出现头痛鼻塞、发热畏寒、咳嗽多痰等外邪正盛的人。

（5）有高血压症，头晕、走路不稳，脉眩易动怒而肝火旺的人。

误区2：多饮用红糖水

过多饮用红糖水，不仅会损坏产妇的牙齿，如果在夏天里坐月子的产妇喝得过多，还会导致出汗过多，使身体更加虚弱，甚至引起中暑。另外，红糖水喝得过多会增加恶露中的血量，造成产妇继续失血，反而引起贫血。

误区3：产后不能吃盐

过去很多人认为，新妈妈在产后头几天不能吃盐，不然身体会浮肿。实际上产后出汗较多，乳腺分泌旺盛，体内容易缺水、缺盐，因此适量补充盐分是可以的，如果总是吃无盐饭菜，也会使新妈妈感觉食欲不振，浑身无力，不利于身体恢复。

误区4：产后不要吃蔬菜水果

老一辈认为蔬菜水果多为寒凉食物，不适宜女性产后食用。但其实产后新妈妈摄入的蔬菜水

果量不够的活，易导致大便秘结，医学上称为产褥期便秘症。

蔬菜和水果富含维生素、矿物质和膳食纤维，可促进胃肠道功能恢复，促进碳水化合物、蛋白质的吸收利用，特别是可以预防便秘，加快毒素代谢。

误区 5：多吃鸡蛋有益身体

鸡蛋含有丰富的蛋白质、脂肪、维生素、钙、核黄素、DHA 和卵磷脂等人体所需的营养物质，是产妇必备的营养食品。

产后女性吃鸡蛋是有讲究的。分娩后数小时之内，最好不要吃鸡蛋。因为在分娩过程中，体力消耗大，出汗多，体液不足，消化能力也随之降低。产妇分娩后若立即吃鸡蛋，难以消化，增加肠胃负担。

产妇每天吃 3 个鸡蛋就够了，因为每天吃十几个鸡蛋和吃 3 个鸡蛋所吸收的营养是一样的，吃多了反而会增加肠胃负担，甚至引起胃病。

另外，烹调的方法要多样，不要单纯煮着吃，因为煮鸡蛋中的蛋白质不易被消化和吸收。可做鸡蛋羹、荷包蛋，以及配炒其他蔬菜。

误区 6：多食味精有益健康

为了婴儿不出现缺锌症，产妇应忌过量吃味精。一般而言，成人吃味精是有益无害的，但对于婴儿，特别是 12 周以内的婴儿来说，如果乳母在摄入高蛋白饮食的同时，又食用过量味精，则对婴儿不利。因为味精内的谷氨酸钠就会通过乳汁进入婴儿体内，过量的谷氨酸钠对婴儿的生长发育有严重影响，它能与婴儿血液中的锌发生特异性的结合，生成不能被机体吸收的谷氨酸，而锌却随尿排出，从而导致婴儿缺锌，这样，婴儿不仅出现味觉差、厌食，而且还可造成智力减退，生长发育迟缓等不良后果。

误区 7：大量饮用麦乳精

麦乳精含有高蛋白，一直是人们喜欢的滋补佳品。很多亲朋好友会给月子里的妈咪送一些麦乳精，以为它既可滋补妈咪的身体，又可使奶水分泌增多。其实，产后喝麦乳精反会影响妈咪泌乳。

麦乳精由牛奶、奶油、鸡蛋、麦精等多种营养原料制成，产妇应补充营养，但不能吃麦乳精。麦乳精中除了含有以上营养成分外，还含有麦芽糖和麦芽粉。这两种从麦芽中提取的成分既有营养价值又具药用价值。它们能消化一切饮食积聚，补助脾胃，还可以帮助产妇回乳。因此，产妇在哺乳期内不要吃麦乳精，以免影响乳汁的分泌。

第 4 节　月子里的食补窍门和烹饪秘诀

月子餐的烹饪要点

根据营养医生的推荐，新妈妈产后饮食应以精、杂、稀、软为主。在烹饪时还需兼顾新妈妈的体质特点，采取适当的烹调方法。

（1）月子餐要保证量少质精，菜量和饭量不需要太大，但要精选食材，使荤素菜的品种应尽量丰富多样；以烹调简单的菜式与食材为主，不增加育儿生活的负担。

（2）产妇饮食中的水分可以多一点儿，如多喝汤、牛奶、粥等。新妈妈在产程中及产后都会大量地排汗，再加上要给新生的小宝宝哺乳，而乳汁中 88% 的成分都是水，因此，新妈妈要大量地补充水分，喝汤是个既补充营养又补充水分的好办法。

（3）为了使食物容易被消化，产妇的饭菜要煮得软一点儿，在烹调方法上多采用蒸、炖、焖、煮，不宜采用煎、炸的方法。因为食品在加工烹饪过程中会发生一系列的物理和化学变化，使某些营养素遭到破坏，因此，在烹饪过程中要尽量利用其有利因素提高营养，促进消化吸收，另一方面要控制不利因素，尽量减少营养素的损失。

（4）坚持中医产后“热补”原则，以麻油、老生姜、米酒水做料理。

（5）月子餐应做到口味清淡。烹调时尽量少放盐和酱油等，同时不可做得过分油腻。无论是各种汤或是其他食物，都要尽量清淡，循序渐进。切忌大鱼大肉，盲目进补。食盐少放为宜，但并不是不放或放得过少。如食物中加用少量葱、生姜、蒜、花椒粉等多种性偏温的调味料则有利于血行，有利于瘀血排出体外。

另外，新妈妈产后处于比较虚弱的状态，胃肠道功能难免会受到影响。尤其是进行剖腹产的新妈妈，麻醉过后，胃肠道的蠕动需要慢慢地恢复。因此，产后的头一个星期，最好以好消化、好吸收的流食和半流食为主，例如稀粥、蛋羹、米粉、汤面及各种汤等。

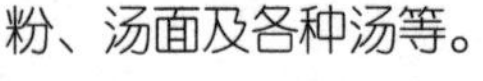

辨清体质，合理食补

中医讲究“辨证论治”，患者的体质各有不同，应使用相异的药物进行调理。吃同样进补药材的产妇，因其不同的体质，也会出现相异的结果，甚至造成不适症状。

坐月子的食材、药膳，必须视产妇的体质而有所调整，可请专科医生依个人体质不同，调配适合的中医药膳调理身体。体质特殊者更要视状况做饮食的调整。

1. 三大体质，吃法各异

（1）寒性体质适合以温补的食物或药膳，来促进血液循环。可以多吃苹果、草莓、樱桃、葡萄、樱桃、释迦等水果。忌食寒凉蔬果，如西瓜、木瓜、葡萄柚、柚子、梨子、阳桃、橘子、番茄、香瓜、哈密瓜等。

（2）热性体质宜用食物来滋补，例如山药鸡、黑糯米、鱼汤、排骨汤等，蔬菜类可选丝瓜、冬瓜、莲藕等，或吃青菜豆腐汤，以降低火气。减少香油、酒、生姜的用量。不宜食用龙眼、荔枝、杧果。

（3）中性体质在饮食搭配上较具弹性，可以采食补与药补交替食用。

2. 特殊体质产妇的饮食禁忌

（1）高血压患者的口味不能太重，避免高盐、高胆固醇的食物，动物内脏、牛肉、深海鱼类等食材要控制食用量。

（2）患有糖尿病的产妇宜少量多餐，需要摄取足够热量，但仍需控制淀粉与糖分的摄取量，减少单糖及双糖食物，少喝以水淀粉勾芡的浓汤与含酒精的食物。

（3）患有甲状腺亢进的产妇应避免燥热食物与酒类，并且香油、米酒、深海鱼类不宜多吃；应使用不含碘的盐烹调。

患有甲状腺功能亢进或糖尿病、高血压等疾病的产妇，在这个重要时刻，更应深入了解调养方向以及食补要领。

炖品美味的不败秘诀

1. 做汤、煎鱼

熬煮鱼汤可加入几滴牛奶或放点儿啤酒，不仅可以去除鱼的腥味，还可使鱼肉更加白嫩，味道更加鲜美。

做肉骨汤时，滴入少许醋，可以使更多钙质从骨髓、骨头中游离出来，增加钙质。

做鱼汤前，可将鱼先煎一下，将锅烧热，把生姜拍松在锅内擦拭（生姜汁有利于保持鱼皮和锅面的分离），再倒入油煎制，不但可以去除鱼腥味，还可使鱼皮色泽金黄不粘锅。

2. 怎样洗去蔬菜残留农药

许多蔬菜都残留着农药，如洗不净，使用后会危害身体健康。一般先是用流水冲掉表面污物，再用清水并滴入果蔬洗剂浸泡，蔬菜冲洗干净后，浸泡在小苏打溶液中 5 ~ 10 分钟，再用流水多次冲洗干净即可。因为蔬菜多使用的是有机磷农药，有机磷农药在碱性环境下能够迅速分解。

3. 汤与调味品的调和

（1）蚝油

蚝油又称牡蛎，是以牡蛎为原料，经加工浓缩而成的一种鲜美调味品，口感咸鲜微甜，具有

牡蛎特有的鲜美滋味。有咸味蚝油和淡味蚝油之分，应用于汤品中，只需滴入少许，就可以增鲜提味。可单独调味，也可与其他调料配合调味。

（2）辣油

由辣椒、植物油榨制，经过滤而成，在汤品中可起到增辣、增色、增香的作用。

（3）芝麻油

是由白芝麻提炼而成，一般一道汤品制作完成后，滴入数滴用于提味，增加香气和口感。

（4）米露

采用大米、糙米、香蕉粉、香料、纯净水等原料经过浸提加工而成，含有多种微量元素及维生素，香郁可口，老少皆宜。用于烹调汤品时，不宜加热过长，以免营养素被破坏，适用于滚煮汤品。

（5）生姜汁

以生姜为原料用压榨等方法加工而成，味道辛辣芳香，是烹饪中基础调味品之一，调和百味，去腥起香，常与葱、蒜配合使用。

（6）鸡粉

主要以鸡肉为主料提炼加工而成的粉状鲜味调料，具有鸡肉香味，用法等同于鸡精，广泛应用于调味中。

（7）椰浆、椰奶

椰浆是原汁提炼而成，椰奶，是由椰汁、牛奶经调和而成，配以一些果蔬煮汤，可美白滋肤，滋补养颜。

（8）番茄沙司

一般是由茄酱，加入果醋、白糖、精盐和多种香辛料浓缩而成的。在汤羹中主要用于酸辣味型，酸咸味型或需赋色起香的汤品中。添加量可按个人喜好适量加入，经常食用，还可以起健胃消食、生津止渴、凉血平肝的作用。

（9）鱼露

是以鲜鱼肉、贝甲类为主要原料，经发酵加工提炼而成。味道鲜美，含有少量盐分，鲜中有咸，在汤品中可广泛应用，常辅以其他调味品调味。

产后调养食材与滋补药材

第1节 月子餐常用食材

鸡：健脾、补虚、强筋、美容

【营养成分】

鸡肉含有丰富的蛋白质、水分、脂肪、碳水化合物以及磷、铁、钙、矿物质等，还含维生素A、B族维生素、维生素D、维生素E和烟酸等。

【产妇保健功效】

中医认为，鸡肉有温中益气、补虚填精、健脾和胃、活血通脉、强筋骨的功效，是补血益气、滋补身体的佳品。鸡肉含有对人体生长发育有重要作用的磷脂类，是中国人膳食结构中脂肪和磷脂的重要来源之一。鸡肉对营养不良、畏寒怕冷、乏力疲劳、月经不调、贫血、虚弱等症有很好的食疗作用。鸡胸脯肉中含有较多的B族维生素，具有消除疲劳、保护皮肤的作用；鸡腿肉中含有较多的铁质，可改善缺铁性贫血；鸡翅膀中含有丰富的骨胶原蛋白，具有强化血管、肌肉、肌腱的功能。

【最佳食用方法】

鸡肉可以热炒、炖汤、凉拌。鸡汤对于坐月子的新妈妈来说是最好的补品了，鸡汤内含角质蛋白、肌肽、肌酐和氨基酸等，不但味道鲜美，而且易于消化吸收，对身体大有补益。

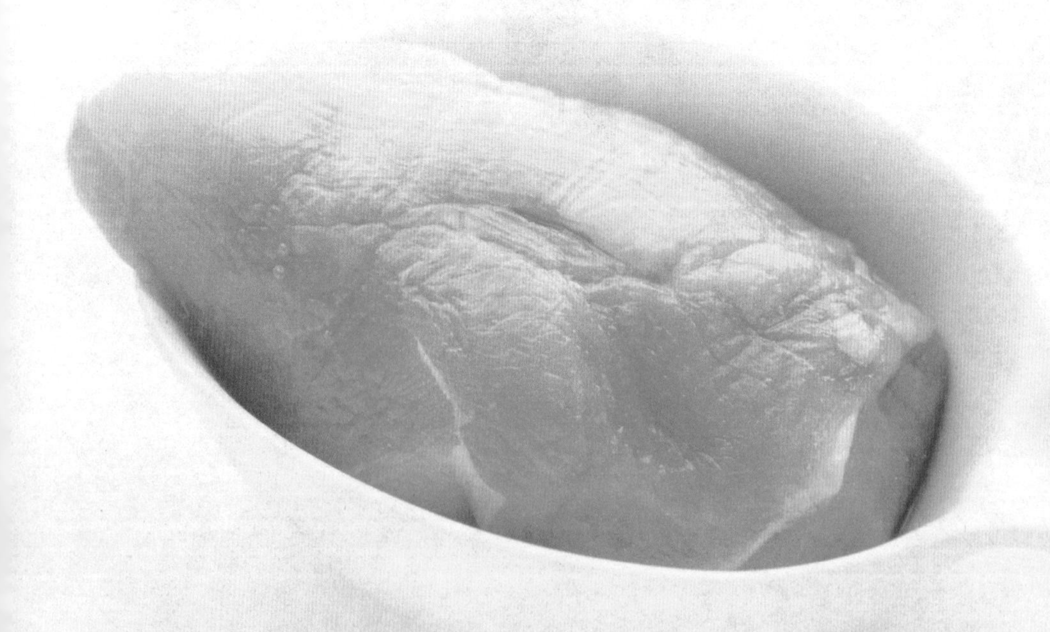

鸡蛋：补充优质蛋白质，提高母乳质量

【营养成分】

鸡蛋含有蛋白质、脂肪、维生素、钙、磷、铁、镁、锌、铜、碘以及烟酸、叶酸等营养成分，尤其含有丰富的氨基酸、铁，含维生素的种类也非常多。蛋黄中还含有卵黄素等。

【产妇保健功效】

鸡蛋可避免老年人的智力衰退，并可改善各个年龄段的记忆力，保护肝脏。

鸡蛋中的蛋白质对肝脏组织损伤有修复作用。蛋黄中的卵磷脂可促进肝细胞的再生，还可提高人体血浆蛋白量，增强机体的代谢功能和免疫功能，防治动脉硬化。

鸡蛋中含有较多的维生素 B_2，可以分解和氧化人体内的致癌物质。鸡蛋中所含的硒、锌等也都具有防癌作用。

【最佳食用方法】

鸡蛋吃法多种多样，就营养的吸收和消化率来讲，煮蛋为 100%，炒蛋为 97%，嫩炸为 98%，油炸为 81%，开水冲蛋为 92%，生吃为 30% ~ 50%，由此说来，煮鸡蛋是最佳的吃法，但要细嚼慢咽，否则会影响吸收和消化。

猪蹄：美容、通乳双重功效

【营养成分】

猪蹄含有较多的蛋白质、脂肪和碳水化合物，并含有钙、镁、磷、铁及维生素 A、维生素 B_1、维生素 B_2、维生素 C、维生素 D、维生素 E、维生素 K 等成分。

据分析，每 100 克猪蹄含蛋白质 15.8 克，脂肪 26.3 克，糖类 1.7 克，营养颇丰富。

【产妇保健功效】

猪蹄中的胶原蛋白被人体吸收后，能促进皮肤细胞吸收和贮存水分，防止皮肤干涩起皱，使面部皮肤显得丰满光泽。胶原蛋白还可促进毛发、指甲生长，保持皮肤柔软、细腻，指甲有光泽。

经常食用猪蹄，还可以有效地防止进行性营养障碍，对消化道出血、失血性休克有一定疗效，并可以改善全身的微循环，从而能预防或减轻冠心病和缺血性脑病。对于手术及重病恢复期的老人，有利于组织细胞正常生理功能的恢复，加速新陈代谢，延缓机体衰老。猪蹄汤还具有催乳作用，对于哺乳期妇女能起到催乳和美容的双重作用。

【最佳食用方法】

猪蹄炖汤对于哺乳期的新妈妈来说不仅能够催乳还能美容，并且能够滑肌肤，去寒热。

鲫鱼：补虚通络、利水消肿

【营养成分】

鲫鱼含有蛋白质、脂肪、碳水化合物、钾、钠、钙、铁以及硫胺素、核黄素、烟酸及维生素等。

【产妇保健功效】

鲫鱼除了作为日常家居食品外，更有丰富的药效，特别是在女性的丰胸方面。中医认为，鲫鱼甘平而温，入脾、胃二经，因此它的多种丰胸成分，非常利于身体的吸收并发挥作用。女性应该多多利用鲫鱼的这一特别之处，为自己的丰胸、健胸服务。

研究发现鲫鱼自身含有的多种营养成分，对女性胸部具有丰满和保健的特殊效果。另据资料显示，女性长期食用鲫鱼，还可增强机体免疫力，预防多种疾病。

【最佳食用方法】

鲫鱼肉嫩味鲜，可做粥、汤、菜、小吃等，尤其适合做汤。鲫鱼汤不仅味香汤鲜，而且具有较强的滋补作用，非常适合新妈妈和病后虚弱者食用。

鲫鱼红烧、干烧、清蒸、炖汤均可，炖汤最为普遍。

冬令时节食之最佳。鲫鱼与豆腐搭配炖汤营养最佳。

小米：开胃消食、滋阴养血

【营养成分】

小米中含有丰富蛋白质、脂肪、纤维素、维生素 B_1、维生素 B_2、钙、铁、胡萝卜素。

【产妇保健功效】

中医认为，小米性味甘咸，有清热解渴、健胃除湿、和胃安眠的功效。《本草纲目》说，粟米“治反胃热痢，煮粥食，益丹田，补虚损，开肠胃”。发芽的小米和麦芽一样，含有大量酶，是一味中药，有健胃消食的作用。

现代医学认为，小米有防治消化不良、反胃、呕吐、滋阴养血的功效，可以使产妇虚寒的体质得到调养，帮助她们恢复体力。

【最佳食用方法】

对于月子里的新妈妈来说，小米的最佳食用方法就是熬做小米粥，素有“代参汤”之美称的小米粥，可单独熬煮，也可添加红枣、红豆、红薯、莲子、百合等。

小米还可磨成粉，制成糕点，作为新妈妈的饭后小点心。

糯米：温补主食，缓解食欲不佳

【营养成分】

糯米中富含糖类、蛋白质、脂肪，又含有钙、磷、铁等矿物质，还含有维生素 B_1、维生素 B_2 及烟酸等营养元素。

【产妇保健功效】

糯米性温、味甘，具有暖温脾胃、补益中气、涩缩小便、生津止渴等功能，对胃寒疼痛、食欲不佳、夜多小便、脾虚泄泻、气虚自汗、腹胀、体弱乏力等症状有一定缓解作用。

糯米最好是煮粥食用，易于消化吸收，其补益作用更佳。现代药理研究发现，糯米还有抗肿瘤的作用。

【最佳食用方法】

针对月子期的新妈妈，糯米最佳的食用方法是熬成粥，尤其是与银耳、红枣等一同熬制。

当然，也可将糯米制成酒，用于新妈妈的产后滋补。如用糯米、杜仲、黄芪、枸杞、当归等酿成“杜仲糯米酒”，此酒能够壮气提神、美容益寿、舒筋活血，对于新妈妈因生产造成的能量消耗和产后血虚有一定的疗效。

黑豆：乌发润发、活血利水

【营养成分】

黑豆所含营养成分与黄豆基本相同，但其蛋白质含量比黄豆更高，每 100 克黑豆的蛋白质含量高达 49.8 克，居所有豆类之冠。它还含有脂肪酸、β－胡萝卜素、叶酸、烟酸、大豆黄酮苷、异黄酮苷类物质，营养价值很高。

【产妇保健功效】

黑豆具有补肾益精、润肤乌发的作用，经常食用有利于抗衰延年、解表清热、滋养止汗。

黑豆自古即入药，关于黑豆的药用价值，最早记载于《神农本草经》。李时珍《本草纲目》中说黑豆煮汁饮可治烫伤，不但可使创面愈合，而且预后不留瘢痕；将黑豆煮成黏稠状，饮汁可治喉痹不语。

现代医学认为，黑豆能利水、祛风，活血、解毒；可治水肿、风痹、脚气、黄疸、水肿、痢疾、腹痛、产后风痉；能解乌头、附子毒；研末调敷或者涂汁可治痈肿疮毒。

此外，黑豆的皮、叶、花都可入药。中医处方称黑豆皮为“料豆衣”或“穞豆衣”等，具有解毒利尿作用；中医处方称黑豆芽为“大豆卷”，水煎服可治疗风湿性关节炎；黑豆叶以清水洗净捣烂外敷，可治蛇咬伤；黑豆花能治目翳。

【最佳食用方法】

黑豆炖汤或做成豆浆都是很好的滋补食品。

将黑豆用酒泡一晚上，滤干，用中火炒食可治疗产后腰酸。

芝麻：富含维生素 E，补血养颜

【营养成分】

芝麻中含大量的蛋白质、脂肪、钙、磷、铁、芝麻素、花生酸、芝麻酚、油酸、棕榈酸、硬脂酸、甾醇、卵磷脂、维生素 A、维生素 D、维生素 E 及 B 族维生素等营养物质。

【产妇保健功效】

现代营养学认为，芝麻对身体虚弱、早衰而导致的脱发效果最好，对药物性脱发、某些疾病引起的脱发也有一定的食疗效果，如常吃芝麻还能增加皮肤弹性；芝麻榨成油不但具有浓郁的香气，可促进食欲，更有利于营养成分的吸收。其中含量仅有 0.5% 的芝麻素具有优异的抗氧化作用，可以保护心脏，延缓衰老，同时还有良好的抗癌功能。另外，芝麻酱中的钙含量比蔬菜和豆类都高得多，仅次于虾皮，经常食用对骨骼、牙齿的发育都大有益处；芝麻含有大量油脂，因此也有很好的润肠通便的作用。

芝麻中的黑芝麻所含的维生素 E 有助于促进头皮内的血液循环，促进头发的生命力，并对头

发起滋润作用，防止头发干燥和发脆。芝麻中富含的优质蛋白质、不饱和脂肪酸、钙等营养物质均可养护头发，防止脱发和白发，使头发保持乌黑亮丽。

【最佳食用方法】

芝麻可榨成麻油，也可以做点心、烧饼的馅料，也可做菜肴原料。

将炒熟的黑芝麻放入玻璃瓶中，每天早餐取 3 匙，慢慢咀嚼可预防炎症。将芝麻冲入牛奶中，边喝边嚼，连续服用，可起到防治脱发、白发的作用。

花生：养血止血、美颜润肤

【营养成分】

花生含有丰富的维生素、蛋白质、碳水化合物、脂肪、膳食纤维、钙、磷、铁、胡萝卜素、磷脂、生物碱、嘌呤等营养元素。

【产妇保健功效】

现代医学证明，花生有止血作用。花生红衣的止血作用比花生高出 50 倍，对多种出血性疾病都有良好的止血功效；花生能增强记忆，抗老化，延缓脑功能衰退，滋润皮肤；花生中的不饱和脂肪酸有降低胆固醇的作用，可防治动脉硬化、高血压和冠心病；花生中还含有一种生物活性很强的天然多酚类物质——白藜芦醇。这种物质是肿瘤类疾病的化学预防剂，也是降低血小板聚集，预防和治疗动脉粥样硬化、心脑血管疾病的化学预防剂。中医认为花生有扶正补虚、悦脾和胃、润肺化痰、滋养调气、利水消肿、止血生乳的作用。

【最佳食用方法】

花生的诸多吃法中以炖吃为佳，这样既避免了营养素的破坏，又具有不温不火、口感潮润、易于消化的特点，特别适合消化系统还没完全恢复的新妈妈。

花生可生食、油炸、炒、煮。用油煎或油炸对花生中的维生素 E 破坏很大。并且花生本身含有大量植物油，遇高热烹制会使花生甘平之性变为燥热之性，多食、久食或体虚火旺者食之，极易生热上火。

黑木耳：抗衰老，消耗脂肪助瘦身

【营养成分】

黑木耳含有丰富的碳水化合物、蛋白质、维生素、脂肪、糖、纤维、钙、铁、磷以及多种无机盐、植物固醇、磷脂等，特别是铁的含量相当高。

【产妇保健功效】

黑木耳性平，味甘，具有滋养脾胃、益气强身、舒筋活络、补血止血之功效。

黑木耳还可增强人体免疫功能，并具有抗氧自由基和抗衰老的作用。

黑木耳能防治心脏病，能防治痔疮和便秘。

黑木耳所含酸性异多糖具有抗癌作用，对宫颈癌有明显的疗效。

黑木耳所含腺嘌呤核苷能在一定程度上阻止血栓形成，防止动脉粥样硬化。

黑木耳所含发酵素和植物碱等有化解和排出结石（如胆结石、尿道结石）的作用。

【最佳食用方法】

木耳中最主要的成分是木耳多糖，它很容易受温度的影响，烹饪时间稍长就会被破坏，要想保留木耳最全面的营养，最佳的食用方法就是生拌。

海参：恢复元气，加速伤口愈合

【营养成分】

海参富含蛋白质、脂肪、钙、磷、铁、维生素 B_1、维生素 B_2、烟酸等营养元素。

【产妇保健功效】

海参益于新妈妈恢复元气，加强伤口愈合，为新妈妈提供全面的 营养保障，增强体质，快速有效恢复体能和体力，并能为宝宝的大脑和神经系统的发育提供丰富的脑黄金物质，有效避免宝宝先天性疾病的发生。

海参胆固醇含量低，肉质细嫩，抑郁消化，尤其适合体质虚弱的新妈妈食用。

【最佳食用方法】

海参适合红烧、葱烧、烩、凉拌等烹调方法。

马铃薯：含大量膳食纤维，抗老排毒防便秘

【营养成分】

马铃薯所含淀粉、蛋白质、维生素 C 极为丰富，而其所含的营养成分中淀粉含量居第 1 位。另外，它还含有脂肪、粗纤维、钾、钙等。马铃薯含有的营养比谷类食物、苹果等都优，而且含有的蛋白质为完全蛋白，营养易被人体吸收。

【产妇保健功效】

中医认为，马铃薯性味平甘，具有和胃调中、益气健脾、强身益肾、消炎、活血消肿等功效。

现代医学认为，马铃薯富含粗纤维，可促进胃肠蠕动，加速胆固醇在肠道内的代谢，具有通便和降低胆固醇的作用，可以治疗习惯性便秘和预防血胆固醇增高。

马铃薯中含有的淀粉在人体内被缓慢吸收，不会导致血糖过高，可用作糖尿病的食疗。

马铃薯热能低，并含有多种维生素和微量元素，是理想的减肥食品。

马铃薯含钾量高，适量食用可使中风概率下降。

马铃薯对消化不良也有特效，是胃病和心脏病患者的良药及优质保健食品。

【最佳食用方法】

马铃薯所含的热量没有米饭多，虽然还有不少的淀粉，但大都是水分，容易使人产生饱腹感。因此，想减肥的新妈妈可适量用马铃薯代替米饭。

黄豆芽：消除皮肤斑点，缓解妊娠高血压

【营养成分】

黄豆芽含有丰富的营养成分，有维生素 A、维生素 B_2、维生素 C、维生素 E、胡萝卜素、叶酸、泛酸、烟酸等维生素类营养素，还有钙、铁、磷、钾、钠、铜、镁、锌、硒等矿物质元素及微量元素。

【产妇保健功效】

黄豆芽能营养毛发，使头发保持乌黑发亮，对面部雀斑有较好的淡化作用。

黄豆芽中富含纤维素，是便秘患者的健康蔬菜，有预防消化道癌症（食管癌、胃癌、直肠癌）的作用。

黄豆芽含有丰富的维生素 B_2，可防治维生素 B_2 缺乏症。

黄豆芽中含有丰富的蛋白质和维生素 C，具有保护肌肉、皮肤和血管，消除紧张综合征的作用。

黄豆芽中含有一种干扰素诱生剂，能诱发干扰素，增强体内抗病毒、抗癌肿的能力。

吃黄豆芽对青少年生长发育、预防贫血等也大有好处。

【最佳食用方法】

黄豆芽可与排骨、鱼片等一起做成汤食，特可将黄豆芽煸干水分，再起油锅，加入干辣椒同炒，食之开胃。

红糖：化瘀镇痛、促进恶露排出

【营养成分】

红糖中的热量与精制的糖相近。红糖中的微量元素含量较精制的糖高，其中红糖的含钙量约是白糖的 10 倍，含铁量约是白糖的 3.6 倍。此外，它含有胡萝卜素、维生素 B_2 及烟酸等。

【产妇保健功效】

中医认为，红糖具有益气、缓中（指缓和胃肠的不适）、助脾化食、补血破瘀和散寒止痛的作用。

红糖还是女性的良药。产后的女性每天食用适量的红糖，不仅可以增加身体需要的多种营养，而且还有补血、益气之功效。女性因受寒体虚所致的痛经等症或是产后喝些红糖水往往效果显著。

红糖对体弱年老，特别是大病初愈的人，有极好的进补的作用。

红糖对血管硬化能起一定治疗作用，且不易诱发龋齿等牙科疾病。

红糖中的棕黑色物质成分能阻止血清中脂肪及胰岛素含量上升，阻碍肠道对葡萄糖的过多吸收，所以，吃红糖也有一定的防止肥胖的功效。

【最佳食用方法】

红糖甜度高，风味独特且能增加色泽，适合制作生姜汤，红糖糕等深色的茶汤或点心，不但可以增加香气，使料理色泽更加红润诱人，还能增添营养与健康。

紫米：补气养身，促进乳汁分泌

【营养成分】

紫米含有丰富蛋白质、脂肪、赖氨酸、核黄素、硫安素、叶酸等多种维生素，以及铁、锌、钙、磷等人体所需微量元素。

【产妇保健功效】

紫米有皮紫内白非糯性和表里皆紫糯性两种。紫米的营养价值和药用价值都比较高，有补血、健脾、理中及治疗神经衰弱等多种作用。

紫米滋阴补肾、明目补血，紫米饭清香、油亮、软糯。

【最佳食用方法】

将紫米煮粥或做成糕点都是不错的食用方法。

杏仁：润肠通便、改善便秘

【营养成分】

苦杏仁含氰苷（苦杏仁苷），经酶水解，产生氢氰酸、甲醛及葡萄糖，此外尚含酶和脂肪油。甜杏仁含有苦杏仁苷、脂肪油、糖分、蛋白质、树脂、扁豆苷、杏仁油。

【产妇保健功效】

甜杏仁和日常吃的干果大杏仁偏于滋润，有一定的补肺作用；能够降低人体内胆固醇的含量，降低心脏病和很多慢性疾病的发病危险。

杏仁还有美容功效，能促进皮肤微循环，使皮肤红润光泽，对骨骼生长有利；其所含的脂肪几乎都是不饱和脂肪酸，能祛除胆固醇，预防动脉硬化。

【最佳食用方法】

杏仁可生吃，也可磨成粉冲食，也可做甜点。

黄花菜：止血、清热消炎

【营养成分】

黄花菜含有蛋白质、脂肪、糖类、膳食纤维、钙、磷、铁、钾、胡萝卜素、维生素 B_1、维生素 B_2、烟酸等，且黄花菜的维生素含量比卷心菜高 10 倍，矿物质的含量也在卷心菜的 3 倍以上。

【产妇保健功效】

黄花菜性凉，味甘。具有补气血、强筋骨、宽胸膈、清热利湿、解毒通乳、安神明目之功效。可治疗小便赤涩、黄疸、胸膈烦热、夜不安寐、风火牙痛、腮腺炎、痔疮便血及产后乳汁不下等病症。

黄花菜含钾较高而含钠很低，既可利尿，又可降低血压，因而对高血压和肾炎等病有防治作用。

由于黄花菜含维生素 B_1 和膳食纤维较多，能刺激胃肠蠕动，促使食物排空，增加食欲，故具有安神作用。

黄花菜还含有天门冬素等抗癌物质，有预防癌症和缓解癌症的作用。

【最佳食用方法】

黄花菜煮汤吃营养效果最佳。

第2节 适合清补的食材与药材

莲子：强心镇静，去火消火佳品

【营养成分】

莲子富含蛋白质、脂肪、淀粉、碳水化合物、生物碱、黄酮类化合物、维生素C、钾、铜、锰、钛、钙、铁等人体所需的多种营养素。

【产妇保健功效】

莲子中的钙、磷和钾含量非常丰富，是构成骨骼和牙齿的成分。丰富的磷还是细胞核蛋白的主要组成部分，帮助机体进行蛋白质、脂肪、糖类代谢及维持酸碱平衡，并对精子的形成也有重要作用。

莲子心可促进凝血，使某些酶活化，维持神经传导性、肌肉的伸缩性和心跳的节律、毛细血管的渗透压、体内酸碱平衡，因而具有安神养心的作用。中老年人特别是脑力劳动者经常食用，可以健脑，增强记忆力，提高工作效率，并能预防老年痴呆的发生。

莲子心味道极苦，有显著的强心作用，能扩张外周血管，降低血压。莲心还有祛心火的功效，可以治疗口舌生疮，并有助于睡眠。

莲子心性寒、味苦，能清热降火，降血压，止汗，并能治盗汗、梦遗滑精。

【最佳食用方法】

可用莲子煲汤、煲糖水、煲粥或泡茶。

芡实：秋季进补首选

【营养成分】

芡实性平味甘，含有蛋白质、脂肪、碳水化合物、粗纤维、灰分、钙、磷、铁、硫胺素、核黄素、尼克酸、抗坏血酸、胡萝卜素等。

【产妇保健功效】

芡实具有益肾固精，补脾止泻，祛湿止带的功能。生品性平，涩而不滞，补脾肾而兼能祛湿。芡实所含的蛋白质、维生素、矿物质及其他微量元素能够保证新妈妈体内所需营养成分，还可以加强小肠吸收功能，帮助新妈妈的消化和吸收。

【最佳食用方法】

芡实的最佳食用方法是做成芡实粥，也可将芡实炒熟磨成粉冲服，也可将芡实与红枣、花生熬制成汤，对体虚者、脾胃虚弱的新妈妈、贫血者有良好的疗效。

玉竹：增进食欲、润肺滋阴

【营养成分】

玉竹根茎含黏液质，微量皂苷，白屈菜酸，环氮丁烷-2-羧酸，山柰素阿拉伯糖苷及天冬酰胺、鞣质、甾体皂苷。根茎还含有玉竹黏多糖，4种玉竹果聚糖。

【产妇保健功效】

玉竹味甘性平，具有润肺滋阴，阳痿生津的功效。主治燥热咳嗽、虚劳久嗽、热病伤阴口渴、内热消渴、阴虚外感、寒热鼻塞、头晕目眩、筋脉挛痛。玉竹适宜体质虚弱、免疫力降低、阴虚燥热、食欲不振的产后新妈妈食用。

【最佳食用方法】

玉竹与沙参、麦冬、桑叶搭配能治疗阴虚火热；与石膏、知母、天花粉同用可清胃生津；与酸枣仁同用可清热养阴，安神。

薏米：清除燥热身心舒畅，消除色斑改善肤色

【营养成分】

薏米含有蛋白质、脂肪、糖类及维生素B_1比大米含量高，另外它还含有钙、磷、铁、多种有机酸、薏苡仁油、薏苡酯、甾醇类及薏苡素等，营养较为丰富。

【产妇保健功效】

薏米含有药用价值很高的薏醇、β 及 γ 两种谷甾醇，这些特殊成分也就是薏米具有防癌作用的奥秘所在。

薏米还是一种美容食品，常食可以保持人体皮肤光泽细腻，能消除粉刺、雀斑、老年斑、妊娠斑、蝴蝶斑，对脱屑、痤疮、皲裂、皮肤粗糙等都有良好疗效；经常食用薏米对慢性肠炎、消化不良等症也有效果。

【最佳食用方法】

薏米煮粥是最佳的食用方法。先用旺火烧开，再改用文火熬1小时即可。

第3节 适合温补的食材与药材

当归：补血活血、祛瘀生新

【营养成分】

当归含有挥发油，含香荆芥酚、苯酚等，酸性油含樟脑酸，茴香酸等，另外还含有马鞭草烯酮、黄樟醚、棕榈酸、阿魏酸、烟酸、琥珀酸等。

【产妇保健功效】

当归可用于心悸血虚、面色萎黄、眩晕。对于虚寒腹痛，风湿关节疼痛，跌打损伤、瘀血等，可食用当归以温经通脉，活血止痛。

当归归肝、心、脾经，是补血活血的良品，对于产后血虚的新妈妈来说有很好的疗效。长期服用，可使面部皮肤重现红润。

【最佳食用方法】

将当归以辅料的形式添加到粥或汤中去，可温经活血。

将当归泡酒，可增强机体活力。当归还可与面膜粉调配敷面，使面部肌肤红润紧致。

龙眼肉：益心脾、补气血、润五脏

【营养成分】

龙眼含水溶性物质 、不溶性物质、灰分、可溶性物质葡萄糖、蛋白质、脂肪以及维生素 B_1、维生素 B_2、维生素 P、维生素 C 等。

【产妇保健功效】

龙眼肉甘温，善补心安神，养血益脾，既不滋腻，又不壅滞，实为滋补良药，适用于思虑过度，劳伤心脾所致的惊悸怔忡，失眠健忘，食少体倦及脾虚气弱等症，也能辅助治疗崩漏便血。

【最佳食用方法】

龙眼可与人参、当归、酸枣仁、乌鸡等炖汤食用，也可以加白糖蒸熟，开水冲服。

枸杞：滋补肝肾、美白养颜

【营养成分】

枸杞营养成分十分丰富，不仅含铁、磷、钙等物质，还含有大量糖、脂肪、蛋白质及氨基酸、多糖色素等。

【产妇保健功效】

枸杞有润肺清肝、滋肾、益气、生精、助阳、祛风、明目、强筋骨的功能。

《本草纲目》记载枸杞的功能为“滋肝补肾，益精明目”，主治虚劳肾亏，腰膝酸痛，眩晕耳鸣，内热消渴，血虚萎黄，目昏不明。正如《本草汇言》记载：“枸杞能使气可充，血可补，阳可生，阴可长，风湿怯，有十全之妙用焉。”

现代药理对枸杞果实做了更深入的研究，认为其有提高机体免疫力的功能；能抗突变，延缓衰老；抗肿瘤、降低血脂，降低胆固醇；抗疲劳、明目；保护肝脏。

【最佳食用方法】

枸杞可泡茶、炖汤、凉拌。

红枣：适合产后脾胃虚弱、气血不足

【营养成分】

每 100 克鲜枣含维生素 C 高达 400 毫克，为橘子的 8 倍以上，是香蕉的 50 ~ 100 倍，梨的 75 ~ 100 倍，苹果的 50 倍以上，故红枣被称为“天然维生素 C 丸”。红枣中还含有谷氨酸、赖氨酸、精氨酸等 14 种氨基酸；苹果酸、酒石酸等 6 种有机酸；并且含有 36 种微量元素。

【产妇保健功效】

红枣性平，味甘。具有补中益气、养血安神、健脾和胃之功效，是滋补阴虚的良药。

红枣含糖量很高，对促进小儿生长和智力发育很有好处；所含钙、铁对防治老年性骨质疏松症和贫血十分有益；所含维生素 P 能降低血清胆固醇和三酰甘油，有利于防治高血压、动脉硬化、冠心病和中风。

红枣所含环磷酸腺苷、维生素 C、维生素 P 等，既能防治心血管疾病，又能预防癌症，红枣所含达玛烷皂苷具有抗疲劳的作用。

常食红枣能收到增加肌力、调和气血、健体美容和抗衰老之功效。

【最佳食用方法】

红枣的吃法很多，生吃，泡茶饮用，煮粥或炖汤均可。

第 4 节 适合月子里吃的水果

香蕉：补血瘦身两不误

【营养成分】

香蕉含有蛋白质、脂肪、糖类、膳食纤维、钙、磷、铁、钾、镁、胡萝卜素、维生素 B_1、维生素 B_2、烟酸、维生素 C、维生素 E 以及少量的去甲肾上腺素与 5- 羟色胺和二羟基苯乙胺等。

【产妇保健功效】

香蕉皮中含有抑制真菌和细菌生长繁殖的蕉皮素。脚癣、手癣、体癣等引起的皮肤瘙痒症患者，用香蕉皮贴敷患处，能使瘙痒消除，促使疾病早愈。

常食香蕉还能有效地防治血管硬化，降低血中的胆固醇，预防高血压。

有关专家研究发现，香蕉中含有一种化学物质，能刺激胃黏膜的抵抗能力，增强对胃壁的保护，从而起到防治胃溃疡的作用。香蕉含有一种能帮助人脑产生 5- 羟色胺的物质。

患有忧郁症的人脑里缺少 5- 羟色胺，适当吃些香蕉，可以驱散悲观、烦躁的情绪，增加平静、愉快感。

【最佳食用方法】

香蕉直接吃，搭配别的水果榨汁，做成沙拉或做菜均能保持其醇美的味道和养生功效。

木瓜：催乳丰胸之王

【营养成分】

现代医学证明：木瓜中富含蛋白质、脂肪、糖类、纤维，以及钙、铁、维生素 A、维生素 B_1、维生素 B_2、维生素 C、胡萝卜素、木瓜碱、木瓜蛋白酶、凝乳酶等，并富含 17 种以上氨基酸及多种营养元素。所有这些成分都为胸部的丰润提供了良好的营养来源。

【产妇保健功效】

木瓜是一种营养丰富、味道鲜美的果中珍品。现代医学证明，木瓜富含 17 种以上氨基酸及多种维生素，它所含的木瓜酶对乳腺发育非常有益，是女性滋补美胸的天然果品。

木瓜有健脾消食的作用。木瓜中的木瓜蛋白酶，能消化蛋白质，有利于人体对食物进行消化和吸收。如进食过多的肉类，胃肠负担加重，不易消化，而木瓜蛋白酶可帮助分解肉食，减少胃肠的工作量。

木瓜性温，不寒不燥，其中的营养容易被皮肤直接吸收，特别是可发挥润肺的功能。当肺部得到适当的滋润后，可行气活血，使身体更易于吸收充足的营养，从而让皮肤变得光洁、柔嫩、细腻，皱纹减少，面色红润。

【最佳食用方法】

木瓜可清炒或配以虾仁；也可搭配排骨、鸭肉等炖汤；还可做盅，配以燕窝、鱼翅、干贝、蟹肉等炖食。

将木瓜榨汁或做成沙拉都是不错的选择。

苹果：产后瘦身大助手

【营养成分】

苹果含有多种维生素和胡萝卜素、纤维素以及多种矿物质。所含维生素有维生素 A、维生素 B_1、维生素 B_2、维生素 C 等，另外它还含有比其他水果都丰富的果胶和钾，其果糖、葡萄糖、蔗糖的含量属果类佼佼者。

【产妇保健功效】

苹果性凉，味甘，微酸，具有润肺健脾益胃、生津止渴、清热除烦、助消化、止泄泻、顺气醒酒之功效。

苹果含有丰富的果胶，有助于调节肠道的蠕动，而它所含的纤维则可帮助消除体内的垃圾，从而有助于人体排毒养颜。

常吃苹果可以摄入较多的钾盐，能促进体内钠盐的排出，可以起到降低血压、降低胆固醇、防止动脉硬化和防治心脏病的作用。

苹果中的果胶能调整肠道生理功能，起到止泻作用。

苹果中含有的有机酸能刺激肠蠕动，其所含纤维能使大便松软，既能润肠通便，还可预防癌症。

苹果所含硼元素能防止或减少钙与镁的丢失，故可促进骨骼健康和防治骨质疏松症。

【最佳食用方法】

苹果可生吃、做菜、做沙拉等。

桂圆：补脾胃之气，补心血不足

【营养成分】

桂圆含有蛋白质、碳水化合物、膳食纤维、胡萝卜素、维生素 A、维生素 B_3、维生素 C 以及钾、钙、镁、铁等多种矿物质。

【产妇保健功效】

桂圆含丰富的葡萄糖、蔗糖及蛋白质等，含铁量也较高，可在提高热能、补充营养的同时，又能促进血红蛋白再生以补血。

桂圆的补益作用，对产后及体质虚弱的新妈妈有辅助疗效。

桂圆含有大量的铁、钾等元素，能促进血红蛋白的再生以治疗因贫血造成的心悸、心慌、失眠、健忘。

【最佳食用方法】

桂圆可直接吃、泡茶饮用。

猕猴桃：强化免疫系统

【营养成分】

猕猴桃含有蛋白质、脂肪、糖类、果酸、膳食纤维、钙、磷、铁、钾、镁、类胡萝卜素、维生素 C、维生素 B_1 等。其所含维生素 C 比柑橘类高 5 ~ 8 倍，比苹果高 19 ~ 83 倍，比梨高 32 ~ 130 倍。

【产妇保健功效】

猕猴桃具有解热止渴、通淋功效，对治疗烦热、消化不良、食欲不振、呕吐、泌尿道结石、便秘、痔疮等有帮助。

研究证实，食用新鲜的猕猴桃能明显提升人体淋巴细胞中脱氧核糖核酸的修复力，增强人体免疫力，降低血中低密度脂蛋白胆固醇，从而减少心血管疾患和癌肿的发生概率，猕猴桃中的纤维素、寡糖与蛋白质分解酵素，能防治便秘，使肠道内不至于长时间滞留有害物质。

除此之外，猕猴桃中含有的血清促进素具有稳定情绪、镇静心情的作用，另外它所含的天然肌醇，有助于脑部活动，因此能帮助忧郁之人走出情绪低谷。

【最佳食用方法】

猕猴桃可直接吃，也可榨汁饮用，也可将猕猴桃晒干食用。

第3章 生产当天的饮食要点

第 1 节 临产前吃什么

1. 临盆早期——半流食

临盆早期是漫长的前奏，在进产房前 8 ～ 12 小时，由于时间比较长，准妈妈的睡眠、休息、饮食都会由于阵痛而受到影响。为了确保有足够的精力完成生产，准妈妈应尽量进食，食物以半流质或软烂的食物为主，如鸡蛋面、蛋糕、面包、粥等。

2. 临产活跃期——流食

子宫收缩频繁，疼痛加剧，消耗增加，此时准妈妈应尽量在宫缩间歇摄入一些果汁、藕粉、红糖水等流质食物，以补充体力，帮助胎儿的娩出。身体需要的水分可由果汁、水果、糖水及白开水补充，注意既不可过于饥渴，也不能暴饮暴食。

3. 临产前——忌食油腻

临产前，由于阵阵发作的宫缩痛，准妈妈应学会宫缩间歇期进食的“灵活战术”，选择能够快速消化、吸收的碳水化合物或淀粉类食物，以快速补充体力。

由于宫缩的干扰及睡眠不足，产妇胃肠道消化能力下降，食物从胃排到肠道的时间由平时的 4 小时增加到 6 小时左右，极易存食，因此，不要吃不容易消化的油炸类或肥肉类等油性大的食物。

黄芪羊肉汤：经典助产

推荐容器：砂锅

材料：羊后腿肉 500 克，土豆 200 克，生姜、黄芪各 1 片，枸杞 10 克，葡萄干 10 粒，葱、白酒、花椒粉、盐各适量。

做法：

1. 羊肉洗净切块；生姜切片；葱切段；小土豆去皮切厚片。
2. 羊肉冷水下锅，烧开撇沫。
3. 汤内放入生姜片、葱段、花椒粉、白酒，小火炖 30 分钟。
4. 汤内加入土豆、黄芪小火炖 20 分钟。
5. 起锅前加入盐、枸杞。

营养功效

在临产前准妈妈可以适量食用些黄芪羊肉汤，它能补充体力，有利于顺利生产，同时还有安神、快速消除疲劳的功效。

专家点评

黄芪：黄芪性味甘、微温，入脾、肺经，有补气升阳、固表止汗、利水消肿、托毒生肌的功效。黄芪是除了人参以外，最著名的补气佳品。

葡萄干：葡萄干以粒大、壮实、味柔糯者为上品；白葡萄干的外表要求略泛糖霜，除去糖霜后色泽晶绿透明，红葡萄干外表也要求略带糖霜，除去糖霜呈紫红色半透明。

小提示

中药材（黄芪、当归、西洋参、天麻等）放一种即可，且下锅时间不宜超过 20 分钟。

豆腐皮粥：滑胎催生

推荐容器：砂锅

材料：豆腐皮 50 克，粳米 100 克，冰糖适量。

做法：

1 豆腐皮放入清水中漂洗干净，切成丝。

2 粳米洗净，入锅加清水适量，先用旺火煮沸后，改用文火煮，加入豆腐皮、冰糖煮至粥状。

营养功效

此粥有益气通便、保胎顺产、滑胎催生作用。临产前新妈妈食用，能使胎滑易产，缩短产程，是临产保健佳品。

小提示

豆腐皮可制作多种多样的荤素佳肴，既可当作家常便菜，也可用于各种宴会酒席。

空心菜粥：利水滑胎

推荐容器：砂锅

材料：空心菜 50 克，糙米 100 克，盐少许，清水适量。

做法：

1. 空心菜切成丝，备用。
2. 在锅内放入适量清水、糙米，煮至将要成粥时加入空心菜、盐，再继续煮至成粥。

营养功效

此粥可以起到清热凉血，利尿的作用。新妈妈在临产时食用能帮助滑胎，易于分娩。

小提示

选购空心菜时，以色正，鲜嫩，茎条均匀，无枯黄叶，无病斑，无须根者为优。失水萎蔫、软烂、长出根的为次等品，不宜购买。

第 2 节 产后第 1 餐

新妈妈的营养关键词——恢复体力

如果是正常生产，没有什么特殊情况的话，稍事休息后新妈妈就可以进食了。

产后的第 1 餐应首选易消化、营养丰富的流质食物，等到第 2 天就可以吃一些软食或普通饭菜了。

1. 补充铁质

新妈妈在生产时，由于精力和体力消耗非常大，加之失血，产后还要哺乳，因此需要补充大量铁质。花生红枣小米粥非常适合产后第 1 餐食用，不仅能活血化瘀，还能补血，并促进产后恶露排出。

还应注意的是，哺乳期的新妈妈每天所需总热量大约比孕前多出 1 倍，而产后的前几天，正是为顺利哺乳打基础的时候。生产时不仅失血较多，也会因流汗损失大量体液，因而在补铁的同时，可以适当喝一杯温热的牛奶，或一碗鸡蛋蔬菜汤。

2. 不可忽视小米的营养

小米熬粥营养丰富，有“代参汤”之美称，产后多吃些小米，能帮助新妈妈恢复体力，刺激肠蠕动，增加食欲。

脆炒莲藕丁：补虚生血、健脾开胃

推荐容器：不锈钢锅

材料：莲藕 200 克，青椒 50 克，蒜蓉、肉末、盐各适量。

做法：

1. 鲜瘦肉切碎了在油锅内爆炒。
2. 用大火，滚油，先入蒜蓉爆香，之后下青椒碎。
3. 新鲜的莲藕洗净了，去皮，切丁，用少许盐略腌一腌，然后与青椒碎、蒜蓉，以及肉末同炒。

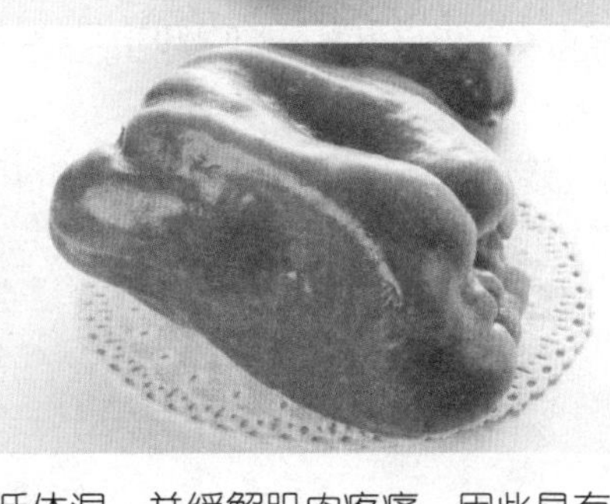

营养功效

莲藕可以补虚生血、健脾开胃，此菜品脆爽可口，可以帮助新妈妈缓解食欲不振，是新妈妈补充营养，产后恢复体力的一道美食。

专家点评

莲藕：新鲜莲藕榨汁加蜂蜜，有助解除烦闷口渴。煮熟之后健脾开胃，适合脾胃虚弱的人滋补养生。

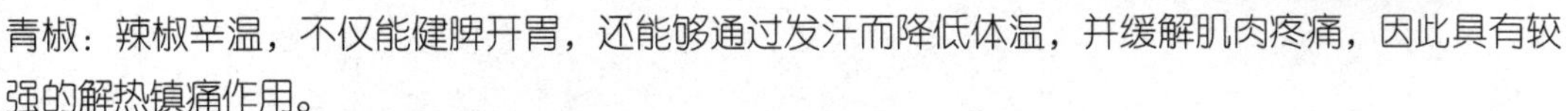

青椒：辣椒辛温，不仅能健脾开胃，还能够通过发汗而降低体温，并缓解肌肉疼痛，因此具有较强的解热镇痛作用。

小提示

在烹制莲藕时忌用铁器，以免引起食物发黑。

猪肝汤：温经散寒、化瘀止痛

推荐容器：砂锅

材料：当归 15 克，猪肝 500 克，红花 8 克，肉桂 8 克。

做法：

1. 当归、红花、肉桂洗净，放入砂锅，加入适量的水，煮 1 个小时后，去渣取汁。
2. 猪肝洗净切片。
3. 炖锅放入药汁和猪肝片，加入适量的水，煮 20 分钟后可饮汤食肝。

营养功效

温经散寒、化瘀止痛、养肝明目，猪肝可起到去瘀血生新血的作用。

小提示

猪肝忌与野鸡肉、麻雀肉和鱼肉一同食用。

花生红枣小米粥：特效补血

推荐容器：砂锅

材料：虾米 100 克，花生 50 克，红枣 20 克。

做法：

1 将小米、花生洗净，浸泡 30 分钟，备用。

2 将红枣洗净备用。

3 小米、花生、红枣一同放入砂锅中，加清水以大火煮沸，转小火将小米、花生煮至完全熟透后即可。

营养功效

将花生与红枣配合食用，既可补虚又能养血，可使产后新妈妈虚寒的体质得到调养，帮助恢复体力。

小提示

煲粥的米最好选用一年一季的新米，因为新米更有米香味。

第3节 产后第2餐

新妈妈的营养关键词——补充能量

新妈妈产后一项重要的工作就是给宝宝进行第1次喂奶，第1次的母乳喂养对于新妈妈和宝宝来说都是非常重要和关键的。开奶越早、喂奶越勤，乳汁分泌就越多。早开奶也有利于较快建立良好的母婴感情，还有利于产后早期活动，便于恶露排出，子宫复旧和恢复苗条体形。所以增加热量的摄入，也是新妈妈产后哺乳的需要。

1. 食物要松软、可口

产后第2餐，仅仅是要帮助新妈妈补充生产时所消耗的能量，所以食物要松软可口，易消化、好吸收。

很多新妈妈产后会有牙齿松动的情况，过硬的食物一方面对牙齿不好，另外一方面也不利于消化吸收，因此产后第2餐的饭要煮得软一些，不要吃油炸或坚硬带壳的食物。

2. 不要太急着喝催奶汤

新妈妈大多乳腺管还未完全通畅，产后前两三天不要着急喝催奶的汤，不然涨奶期可能会疼的想哭，也容易得乳腺炎等疾病。而且肠胃功能还没有完全恢复，快速进补会使得产后妈妈“虚不胜补”，反而会给身体增加负担。

3. 适量进食鸡蛋

如果产后对于第1餐的消化和吸收比较好，第2餐便可开始进食鸡蛋。鸡蛋含有大量的蛋白质，而且是优质蛋白，消化利用率高，对修补身体有很大好处；鸡蛋还含有丰富的维生素以及铁、锌、硒、卵磷脂等，这些物质都是产后所需要的，对修补身体的创伤和喂养宝宝是必不可少的。

紫菜蛋花汤：恢复体力

推荐容器：砂锅

材料：紫菜50克，鸡蛋2个，虾米10克，精盐、味精、葱花、香油各适量。

做法：

1. 将紫菜洗净撕碎放入碗中，加入适量虾米。
2. 在锅中放入适量的水烧开，然后淋入拌匀的鸡蛋液。
3. 等鸡蛋花浮起时，加盐、味精然后将汤倒入紫菜碗中、淋些香油即可。

营养功效

紫菜有很好的利尿作用，可以作为消除水肿的辅助食品，紫菜含有丰富的钙、铁元素，是产后妈妈的滋补良品。鸡蛋富含的营养有助于新妈妈恢复体力，每天吃2～3个就足够了。

专家点评

紫菜：食用紫菜前用清水泡发，并换1～2次水以清除污染、毒素。

鸡蛋：鸡蛋中的蛋白质对肝脏组织损伤有修复作用。蛋黄中的卵磷脂可促进肝细胞的再生。还可提高人体血浆蛋白量，增强机体的代谢功能和免疫功能。

小提示

紫菜易熟，煮一下即可，蛋液在倒的时候可先倒在漏勺中，并且在下入锅中时，火要大，而且要不停地推动，以免蛋形成块而不起花。

紫菜豆皮虾米汤：补身体，恢复体力

推荐容器：砂锅

材料：紫菜 50 克，豆皮 50 可，虾米 10 克，精盐、味精、葱花、香油各适量。

做法：

1. 将紫菜洗净撕碎放入碗中；将豆皮泡软洗净，切成片。
2. 在锅中放入适量的水，烧开后，再将紫菜、豆皮、虾米一起放入锅中。
3. 锅开后加盐、味精，再淋些香油即可。

营养功效

易于消化，帮助新妈妈消肿利尿，滋补身体，恢复体力。

小提示

豆腐皮为半干性制品，是素馔中的上等原料；切成细丝，可经烫或煮后，供拌、炝食用或用于炒菜、烧菜、烩菜；可配荤料、蔬菜，如肉丝、韭菜、白菜等，也可单独成菜。

益母草木耳汤：凉血止血

推荐容器：铁锅

材料：益母草 50 克，黑木耳 30 克，白糖 30 克。

做法：

1. 益母草用纱布包好，扎紧口；黑木耳水发后去蒂洗净，撕成碎片。
2. 锅置火上，放入适量清水、药包、木耳，煎煮 30 分钟，取出益母草包，放入白糖，略煮即可。

营养功效

益母草是妇科用药，能起到生新血去瘀血的作用；木耳有凉血止血的作用。

小提示

饮用的时候可根据个人口味加少许盐或者糖调味。

第4节 产后第3餐

新妈妈的营养关键词——补充必需营养

产后的新妈妈需要大量营养来补养身体，其中蛋白质、五谷类、必需脂肪酸是不可少的。

1. 蛋白质

富含蛋白质的食物有鱼、肉、豆、蛋、奶类等，这类食物在被身体消化后，会变成小分子的氨基酸。氨基酸是病后产后补养身体的最佳营养元素。新妈妈多吃一些富含蛋白质的食物，才能让生产时所造成的伤口快速愈合，并尽快恢复体力。氨基酸还能刺激脑部分泌出让人心情振奋的化学物质，可有效减少产后抑郁症的发生。

2.B 族维生素

含有丰富的 B 组维生素的食物有五谷类、鱼、肉、豆、蛋、奶类，它们能促进身体能量代谢，促进血液循环，对产后器官功能的恢复有帮助。

3. 必需脂肪酸

必需脂肪酸是调整激素、减少身体发炎的营养素，而且是婴儿大脑及神经系统发育必不可少的营养素。必需脂肪酸对新妈妈和新生宝宝很重要。芝麻含有大量的必需脂肪酸，尤其适合产后新妈妈食用。

鸡丝馄饨：益气养血、生津止咳

推荐容器：砂锅

材料：猪肉馅250克，熟鸡丝30克，鸡蛋1个，馄饨皮300克，紫菜15克，高汤、酱油、葱花、生姜末、食盐、香油各适量。

做法：

1. 将猪肉馅中加入食盐、酱油、葱花、生姜末、香油搅拌均匀成馅，用馄饨皮包捏成馄饨。
2. 鸡蛋打入碗中，搅拌均匀摊入热油锅中制成蛋皮，切丝备用。
3. 将高汤煮沸、下入馄饨，煮熟后下入紫菜、蛋皮丝、鸡丝、撒上葱花，淋上香油即可。

营养功效

营养丰富，具有益气养血，养阴生津的功效，对于刚生产完的新妈妈非常适合。

专家点评

葱：大葱有杀菌、发汗的作用，将大葱和生姜片熬成汤汁饮用，可以帮助身体发汗，收到祛寒散热、治疗伤风感冒的效果。

生姜：生姜能起到兴奋、排汗、降温、提神的作用。对于有一般暑热表现，如头昏、心悸、胸闷等情况的新妈妈，适当喝点儿生姜汤是大有裨益的。

小提示

将馄饨生坯放入烧沸的汤锅中煮，待汤再烧沸，馄饨漂浮起来，即已煮熟。

养颜红豆汤：消水肿、润肠道

推荐容器：砂锅

材料：红豆 60 克，黑砂糖适量，水适量。

做法：

1. 将红豆用清水洗净后沥干。
2. 将红豆放入适量的水中，加盖浸泡 5 小时。
3. 将泡好的红豆和适量的水一起倒入高压锅中煮 15 分钟左右。
4. 熄火，加入适量的黑砂糖调和即可。

营养功效

红豆是补血佳品，产妇和乳母多吃红豆有促进乳汁分泌的作用。同时它还富含碳水化合物、蛋白质、维生素、皂角苷、盐酸，可去水肿，改善便秘，强心利尿，改善肥胖体型。

小提示

红豆多吃宜胀气，故每日需控制在 1 碗以内。

番茄菠菜面：增进食欲

推荐容器：不锈钢锅

材料：番茄 200 克，菠菜面 200 克，鸡蛋 1 个，油、盐、葱、蒜、生抽、味精各适量。

做法：

1. 不粘锅里倒少许油，转一转，使油均匀涂满整个锅底，关小火，打入 1 个鸡蛋，表面上撒些盐，小火煎至蛋黄凝固。
2. 锅中水开后下入用菠菜汁和好的面条，煮到面条熟了，盛出。
3. 油锅中爆香葱蒜。
4. 倒入切碎的番茄，翻炒 1 分钟。
5. 加入盐，熬至番茄出汁。
6. 加入生抽。
7. 关火，加入味精。

营养功效

番茄中含有的番茄红素是一种使番茄变红的天然色素，是一种较强的抗氧化剂。软软的面条非常好消化，番茄略酸的口感可以帮新妈妈增加食欲。

小提示

凡脾胃虚寒者及月经期间的妇女皆忌食生西红柿。

给剖腹产妈妈的特别建议

1. 术后及早活动

从剖宫产术后恢复知觉起，就应该进行肢体活动。24 小时后要练习翻身、坐起，下床慢慢活动，这样能增强胃肠蠕动，尽早排气，还可预防肠粘连及血栓形成而引起其他部位的栓塞。

麻醉消失后，上肢肌肉可做些收放动作，拔出尿管后要尽早下床，动作要循序渐进，先在床上坐一会儿，再在床边坐一会儿，再下床站一会儿，然后再开始溜达。这样不仅能增加肠胃蠕动，还可预防肠粘连及静脉血栓形成等。

开始下床行走时可能会有点儿疼痛，但是对恢复消化功能有好处。术后 24 小时，新妈妈可以在家人帮助下，忍住刀口的疼痛，在地上站立一会儿或轻走几步，每天坚持做 3 次。实在不能站立，也要在床上坐起一会儿，这样也有利于防止内脏器官的粘连。

2. 注意观察 24 小内出血

剖腹产时，子宫出血较多，术后数小时内应注意阴道出血量，如发现超过正常月经量或阴道排出组织，要及时通知医生。

3. 预防伤口缝线断裂

咳嗽、恶心、呕吐时，应压住伤口两侧，防止缝线断裂。

护理人员还可在新妈妈卧床休息时，给新妈妈轻轻按摩腹部，方法是自上腹部向下按摩，每 2 ～ 3 小时按摩一次，每次 10 ～ 20 分钟，这不但能促进肠蠕动恢复，还有利于子宫、阴道对残余积血的排空。

导尿管拔出以后，最好能增加饮水量，因为插导尿管本身就可能引起尿道感染，再加上阴道排出的污血很容易污染到尿道，通过多饮水、多排尿，可冲洗尿道，以防泌尿系统感染。

第4章

产后第1周

第 1 节 新妈妈的身体变化

乳房

宝宝结扎脐带后的半小时内，他会被送到妈妈面前，小家伙毫不客气地撅起小嘴吸吮乳头。此情此景令妈妈既激动又惊喜，也可能会因为没有乳汁而尴尬。其实，这是很正常的现象，大约在产后第 3 天，新妈妈才会有乳汁分泌。

子宫

孕期受到子宫压迫的胃肠终于可以“归位”了，但功能的恢复还需一段时间。产后第一周，新妈妈的食欲比较差，家人需要在饮食上多花心思了，多做一些开胃的汤汤水水。

胃肠

产前胎宝宝温暖的小窝——子宫，在完成自己的使命后，也功成身退了。本周，子宫会慢慢地变小，逐日收缩。但要恢复到怀孕前的大小，至少要经过 6 周左右。

恶露

千辛万苦、费尽周折生下宝宝之后，恼人的疼痛不会立即消失，尤其是剖腹产的新妈妈，缝合部位的疼痛感会更加明显。但再坚持 5 天，情况就会有所好转。

排泄

新妈妈会排出类似“月经”的东西（含有血液、少量胎膜及坏死的脱膜组织），这就是恶露。本周正是新妈妈排恶露的关键期，恶露起初为鲜红色，两天后转为淡红色。

伤口及疼痛

产后 2 ~ 3 天内，新妈妈会有多尿的情况出现，这是因为怀孕后期身体潴留了大量的水分，此时，身体正忙着排毒呢。

心理

完成了生产的光荣使命，新妈妈既骄傲又自豪，忙着和身边的人分享自己的经历，也幸福地享受家人无微不至的照料，对家人非常依赖。但在产后的第 3 天，抑郁情绪会悄然来袭，喜怒无常、不开心、暗暗流泪等情况都很常见。

第2节 最适宜新妈妈吃的8种食物

鲫鱼

恶露的排出与子宫的收缩力密切相关。而鱼类，尤其是鲫鱼含有丰富的蛋白质，可以提高子宫的收缩力，同时鲫鱼还具有催乳的作用。

推荐补品：当归鲫鱼汤

香菇

香菇中含有多种维生素、矿物质和香菇多糖，对提高机体适应力和免疫力有很大作用。产后新妈妈急需加强自己抵御病菌的能力。

推荐补品：什菌一品煲

薏仁

薏仁非常适合产后身体虚弱的新妈妈食用，它有利小便，清热除湿、益肺排脓的功效，可帮助子宫恢复，尤其对排出恶露效果好。

推荐补品：薏仁红枣百合汤

鸡蛋

鸡蛋中的蛋白质和铁含量很丰富，可帮助新妈妈尽快恢复体力，预防贫血。需要注意的是，新妈妈每天吃1～2个鸡蛋就足够了。

推荐补品：紫菜蛋花汤

南瓜

南瓜内的果胶有很好的吸附性，可以帮助新妈妈清除体内毒素。同时，南瓜中丰富的锌可以参与人体内核酸、蛋白质的合成，是促进生长发育的重要物质。

推荐补品：南瓜虾皮汤

白萝卜

白萝卜具有祛痰、止血等功效，剖腹产排气成功后，进食一定量的白萝卜，对产后恢复和排气都有好处。

推荐补品：白萝卜蛏子汤

小米

小米中所含的类雌激素物质，有滋阴养肺的功效。而小米中所含的维生素 B_2，能防止女性会阴瘙痒、阴唇皮炎和白带过多。

推荐补品：小米粥

香油

香油中丰富的不饱和脂肪酸能够促使子宫收缩和恶露排出，帮助子宫尽快恢复，同时有软便作用，避免新妈妈发生便秘之苦。

推荐补品：麻油猪肝汤

第 3 节 产后第 1 天，美味滋补，赶走疼痛

顺产妈妈这样补

经过产后三餐的调养，新妈妈的肠胃会舒服许多，但因产后疼痛，食欲可能会不太好。因此饮食还是要以清淡为主，适当进食谷类、水果、牛奶等，可改善食欲和消化系统功能，缓解疼痛和不适感，有助于循序渐进地恢复体力。

1 日食谱举例

早餐

鸡蛋 1 个，红枣鸡蛋汤一碗。

午餐

什菌一品煲，肉末四季豆，米饭。

午点

生化汤。

晚餐

红枣炖乌鸡，清炒冬瓜片，饼。

晚点

红枣薏仁百合汤或薏米雪耳枸杞汤。

1. 传统与现代对话

老人讲：鸡蛋有营养，产后应该多吃。

新妈妈认为：只要适量补充就足够。

专家说：鸡蛋有很高的营养价值，

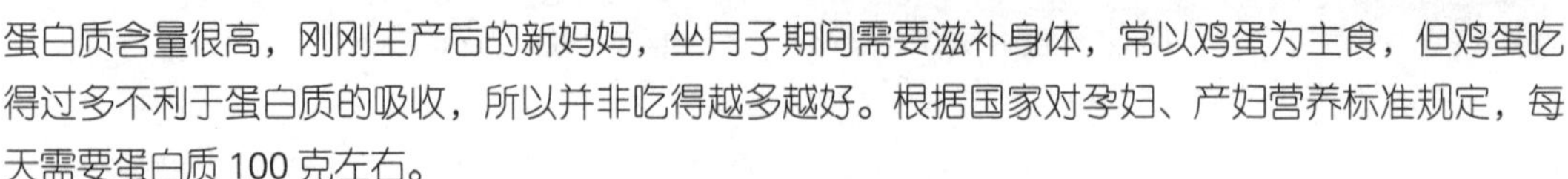

蛋白质含量很高，刚刚生产后的新妈妈，坐月子期间需要滋补身体，常以鸡蛋为主食，但鸡蛋吃得过多不利于蛋白质的吸收，所以并非吃得越多越好。根据国家对孕妇、产妇营养标准规定，每天需要蛋白质 100 克左右。

2. 给家人的护理建议

先吃些素炖补。这时候的饮食，以清淡温热最为适宜，太热太凉或者过咸的食物都会让新妈妈感到不适。针对这时候新妈妈食欲差、消化功能较弱的特点，最好能给新妈妈饮用一些滋补素汤，如蘑菇汤、蔬菜汤等，既含有丰富的营养，也不过分油腻，对产后疼痛的缓解和伤口的恢复都有一定的好处。

什菌一品煲：特效止痛

推荐容器：砂锅

材料：猴头菌、草菇、平菇、白菜心各80克，干香菇20克，葱、生姜片、盐各适量。

做法：

1. 干香菇泡发后洗净，切去根蒂，在香菇顶部交叉划两道口子。
2. 平菇洗净切去根蒂，撕成小片。
3. 猴头菌和草菇洗净，切片；白菜心洗净切散。
4. 锅内放入清水或高汤，加入葱段，生姜片，大火烧开。
5. 再放入猴头菌、草菇、平菇、香菇、白菜心，大火烧开，再转小火煲15 ~ 20分钟，加入盐即可。

营养功效

味道浓郁，能够帮助放松紧张心情和摒弃敏感情绪，并且具有很好的开胃作用。适合产后身体虚弱，食欲不佳的新妈妈食用。

专家点评

猴头菌：需要注意的是，即使将猴头菌泡发好了，在烹制前也要先放在容器内，加入生姜、葱、料酒、高汤等上笼蒸后，再进行烹制。

草菇：草菇在生长过程中会经常被农药喷洒，因此食用之前要稍长时间地浸泡，或用食用碱水浸泡。

小提示

菌类清洗的时候一定要一个一个洗干净。否则会引起肠道疾病。

生化粥：产后排毒

推荐容器：砂锅

材料：桃仁、当归各 15 克，川芎 6 克，生姜 10 克，甘草 3 克，粳米 100 克，红糖适量。

做法：

1. 将粳米淘洗，用清水浸泡 30 分钟。
2. 将当归、桃仁、川芎、生姜、甘草和水以 1 ： 10 的比例一起煎煮。
3. 所有原料用小火煮 30 分钟，取汁去渣。
4. 将药汁和淘洗干净的粳米熬煮为稀粥，调入红糖即可，温热服用。

营养功效

生化汤具有活血散瘀的功效，可缓解产后血瘀腹痛，恶露不净，对于脸色青白，四肢寒凉，体质虚弱的新妈妈有很好的调养温补功效。

小提示

粥中桃仁不可多吃，因其有小毒，不可过量食用。

红枣薏仁百合汤：安神补血

推荐容器：砂锅

材料：红枣 15 颗，薏仁 100 克，百合 20 克。

做法：

1. 将红枣洗净备用；将百合洗净，掰成片。
2. 将薏仁淘洗，浸泡半小时。
3. 将泡好的薏仁放入锅内，加入清水，用大火煮开后转小火煮 1 小时。
4. 再将红枣和百合放入锅内，继续煮半小时即可。

营养功效

红枣是天然的补血佳品，新妈妈食用能够预防贫血；薏仁有清热利湿，利小便的功效；百合中含有百合苷，能起到镇静催眠的作用。

小提示

红枣不宜与维生素、动物肝脏、退热药、苦味健胃药及祛风健胃药同时食用。

剖腹产妈妈这样补

产后第 1 天，剖宫产妈妈会明显感觉到伤口的疼痛，剧烈的疼痛会影响食欲。由于产后腹内压突然减轻，腹肌松弛、肠蠕动缓慢，很可能会有便秘倾向，所以，当天的饮食应选择流质食物或汤水类，如稀粥、米粉、藕粉等，提倡少吃多餐，每天可以吃 6 ~ 8 次。

1 日食谱举例

早餐

小米桂圆粥。

午餐

当归鲫鱼汤，紫米粥。

午点

红枣鸡蛋汤。

晚餐

杜仲猪腰汤，番茄面片。

晚点

香芋粉。

1. 给家人的护理建议

帮助新妈妈按摩腿部肌肉

产后的新妈妈需要护理人员的帮助，以更好地哺喂宝宝。多进食一些流质食物如稀饭、热汤等，拔除尿管后要尽早小便，试着坐一坐，活动活动下肢，护理人员可帮助新妈妈按摩腿部肌肉。按摩时可使用按摩药膏或精油，两者的作用都是促进血液循环，相对来说，精油的效果更好一点儿，它同时还有排毒的作用。

2. 传统与现代的对碰

老人讲：生完宝宝总是喊疼，是不是太娇气了。

新妈妈认为：我想让你们知道我真的很疼。

专家说：疼痛完全是一种个人感受，没有一个精确的仪器来度。一个人对疼痛的感受受到所受教育的程度、社会地位、种族、地域、以往的经历、家庭的关注程度等诸多因素的影响。一些新妈妈认为如果自己在别人认为不应该疼的时候说疼，是一种娇气的表现，所以只有‘忍”。其实，这样做只能使自己更焦虑，心情更坏，还会影响到宝宝的情绪。因为妈妈与宝宝之间有一种微妙的“互动”情感联系。所以完全不必这样做，不必太顾及别人怎么想，大胆地告诉家里人和医生，你需要帮助。

当归鲫鱼汤：补血安神

推荐容器：砂锅

材料：鲫鱼1条，当归20克，枸杞10克，黄芪20克，生姜4片，盐、料酒各适量。

做法：

1. 鲫鱼洗净拭干水，在鱼背处横切一刀，将1汤匙盐均匀地抹在鱼身上，腌制15分钟。
2. 当归洗净切成片，生姜切成丝，枸杞和黄芪洗净沥干水。
3. 将当归、黄芪、枸杞、1汤匙料酒和4碗清水大火煮沸，改小火焖煮25分钟。
4. 往鱼腹塞入少许生姜丝，将鲫鱼放入瓦煲内，倒入熬好的当归汤搅匀，大火煮沸改小火煮35分钟。
5. 加1/4汤匙盐调味，便可出锅。

营养功效

鲫鱼汤，以当归、黄芪、枸杞和鲫鱼为主料，当归补血活血，黄芪补气固表，枸杞安神补血，鲫鱼则可活血通络，将它们熬制成汤会味香汤鲜，很适合病后虚弱者和产妇以及经期过后的女性饮用。

专家点评

当归：当归补血活血、散寒止痛，配桂枝、芍药、生姜等同用，治疗血虚血瘀寒凝之腹痛。

鲫鱼：在熬鲫鱼汤时，可以先用油煎一下，再用开水小火慢熬，鱼肉中的嘌呤就会逐渐溶解到汤里，整个汤呈现出乳白色，味道更鲜美。

小提示

在鱼腹中塞入生姜丝，熬成汤后，鱼腥味降低很多。

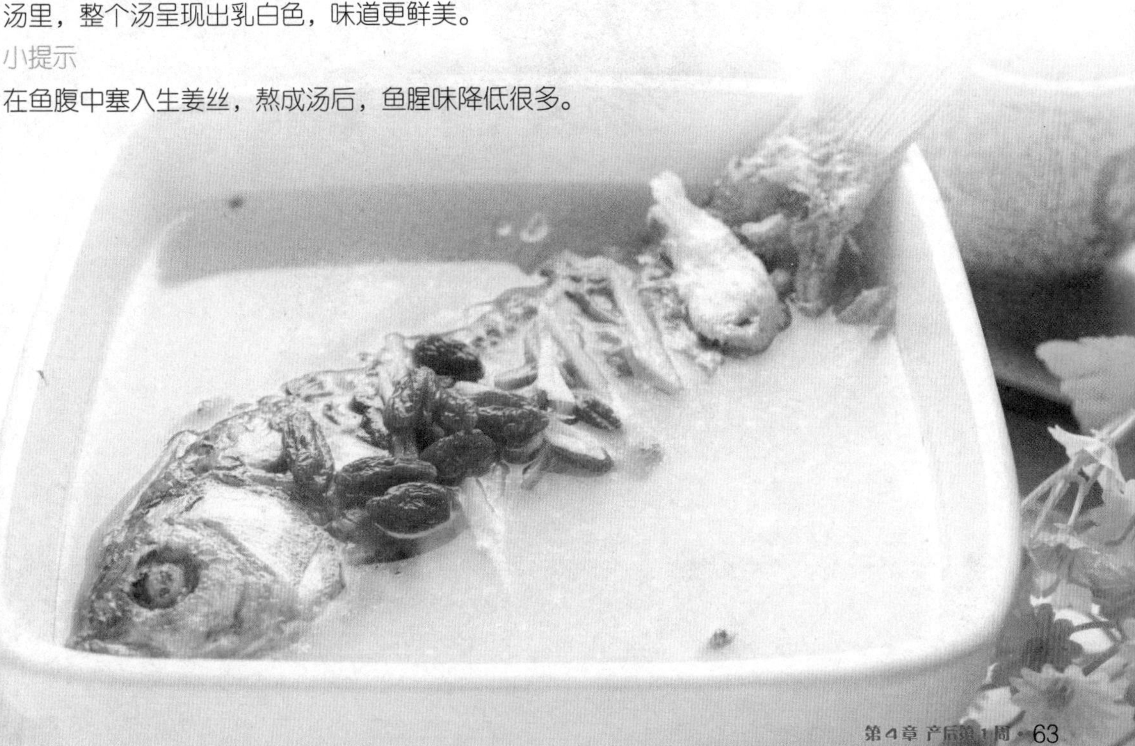

小米桂圆粥：益气养血

推荐容器：电饭煲

材料：小米 1 杯、桂圆肉 40 克。

做法：

1. 小米洗净，加入 5 杯水煮粥。
2. 粥将熟时，将桂圆肉剥散加入，稍微搅拌，续煮 10 分钟，加适量糖调味即可。

营养功效

桂圆有补血安神、健脑益智、补养心脾的功效。糯米适用于脾胃虚寒所致的反胃、食欲减少、泄泻和气虚引起的汗虚、气短无力、妊娠腹坠胀等症。

小提示

小米粥不宜太稀薄；淘米时不要用手搓，忌长时间浸泡或用热水淘米。

红枣鸡蛋汤：补充优质蛋白

推荐容器：不锈钢锅

材料：熟鸡蛋 1 个，红枣 60 克，生姜、红糖、水各适量。

做法：

1. 红枣泡软，去核，加水煮沸 30 分钟，再将鸡蛋放入锅中，加入红糖即成。
2. 将红枣洗净，拍开去核；生姜切成薄片；再把红枣、生姜片、鸡蛋同放锅中，加适量清水煮至红枣鸡蛋汤蛋熟透。

营养功效

红枣能补血暖胃、利水排毒；红糖也益气补血、缓中止痛；鸡蛋富含蛋白质，有利于补充营养，加入生姜片，对子宫寒、血滞气凝有效果。

小提示

最好是加一点儿生姜，会对身体更有好处。

第 4 节 产后第 2 天，排出恶露

顺产妈妈这样补

产后第 1 ~ 4 天内排出恶露，量多，色鲜红，含血液、蜕膜组织及黏液，较月经量多，有时伴有血块，这叫血性恶露。第 2 天恶露多是正常现象，新妈妈不要有太多的心理负担，从而影响正常的饮食和乳汁分泌。

顺产妈妈产后肠胃消化功能较好，从第 2 餐开始可以进食鸡蛋，鸡蛋所含的营养元素有助于新妈妈恢复体力，保护神经系统健康，减少抑郁情绪。而鸡蛋的吃法众多，如鸡蛋羹、煮鸡蛋、荷包蛋，一天 2 ~ 3 个即可，不要多吃。同时，坚持给宝宝增强喂奶次数，也可以帮助子宫收缩，促进恶露排出。

1 日食谱举例

早餐

牛奶红枣粥 1 碗，鸡蛋 1 个，苹果 1 个 。

午餐

西芹百合 1 份，番茄菠菜蛋花汤适量，米饭 1 份。

午点

鲫鱼汤。

晚餐

红枣莲子糯米粥 1 碗，番茄菜花 1 份。

晚点

麻油猪肝汤适量。

1. 传统与现代对话

老人讲：月子里不能过早下床活动。

专家说：生产也是体力劳动，刚生产完的新妈妈会感到很疲劳，应当好好休息，但长期卧床也不利于身体健康。如无特殊情况，顺产的新妈妈在产后 24 小时后进行适当的下床活动。

早下床活动可促进子宫内积血排出，减少感染的发生，并且有利于恢复体力，增加食欲，促进乳汁分泌及营养吸收。

2. 护理建议

恶露增多可能会增加新妈妈的心理负担，影响食欲和心情。这时候要注意保暖，多吃温补性的，增强造血功能的食物，如红枣莲子糯米粥、阿胶桃仁红枣羹等。但要注意不要进补的太厉害，给肠胃增加过多的负荷，只要营养均衡，搭配合理，就可以达到食疗的目的。

同时，为了尽快恢复体能，新妈妈可在护士或家属的协助下做些轻微活动，以后逐渐增加活动量。

麻油猪肝汤：排出恶露

推荐容器：不锈钢锅

材料：猪肝 150 克，菠菜 50 克，芝麻油、生姜丝、米酒、盐、糖各适量。

做法：

1. 将猪肝洗净，切成片状。
2. 将菠菜洗净，切段。
3. 将锅加热后加入芝麻油，再加入生姜丝爆炒。
4. 再放入猪肝快炒 1 分钟后，加入水及米酒，再调至小火煎煮。
5. 根据个人口味加入盐和糖。

营养功效

麻油是芝麻油的别称，富含维生素 E，具有促进细胞分裂和延缓衰老的功效。麻油中的不饱和脂肪酸容易被人体分解吸收利用，以促进胆固醇的代谢，并有助于畅通血管。麻油被小火煎煮过后温和不燥，有增加子宫收缩，促进恶露代谢的功效。

猪肝含有丰富的维生素 B_1 和铁元素，妈妈及时补铁可防止宝宝发生缺铁性贫血，从而影响智力发育。菠菜是新妈妈补血最佳食材之一，可以多食。

专家点评

麻油：患有便秘的新妈妈，早晚空腹喝一口纯麻油，还能起到润肠通便的效果。

猪肝：猪肝有一种特殊的异味，烹制前要用水将肝血洗净，然后剥去薄皮，放入盘中，加放适量的牛乳浸泡，几分钟后，猪肝异味即可清除。买回的鲜肝不要急于烹调，应把肝放在自来水龙头下冲洗 10 分钟，然后放在水中浸泡 30 分钟以防毒素残留。

小提示

烹调时间不能太短，至少应该在大火中炒 5 分钟以上，使肝完全变成灰褐色，看不到血丝才好。

板栗烧鸡：补元气、健脾胃

推荐容器：不锈钢锅

材料：带骨鸡肉 500 克，板栗肉 150 克，绍酒约 1 汤匙，酱油 1 汤匙，上汤 6 杯，葱、生姜、生粉、香油各适量。

做法：

1. 将净鸡剔除粗骨，剁成长宽约 3 厘米的方块；板栗肉洗净滤干。
2. 葱切段，生姜切薄片。
3. 起锅将板栗肉炸成金黄色，盛出。
4. 再起锅，煸炒鸡块，放入生姜、盐、酱油、上汤焖至八成烂加入板栗肉，继续煨至软烂，再放入葱、生姜煮滚，用生粉水勾芡，淋入香油即可。

营养功效

鸡肉能增强体力，帮助排出恶露。栗子对症腰腿酸软，筋骨疼痛乏力，适合新妈妈食用。

小提示

鸡肉含有谷氨酸钠，可以说是“自带味精”，烹饪时不宜再放花椒、大料等调料。

阿胶桃仁红枣汤：强身补气

推荐容器：砂锅

材料：阿胶、核桃仁各 50 克，红枣 10 克。

做法：

1. 将阿胶块砸碎，加入适量的水后放入碗中，隔水蒸化。
2. 将核桃去皮，捣成碎块。
3. 将红枣洗净。
4. 将核桃仁、红枣放入砂锅中加水小火慢炖 20 分钟。
5. 再将蒸化后的阿胶放入锅内搅拌，再蒸 10 分钟即可。

营养功效

核桃仁可促进子宫收缩，帮助排出恶露；阿胶和红枣可减轻产后新妈妈失血过多引起的头晕、乏力、气虚、心慌等症。

小提示

此汤亦可加入大米，煮粥食用。

剖腹产妈妈这样补

剖腹产的妈妈疼痛依然在继续，感觉到伤口隐隐作痛，乳房也有些发胀，医生会鼓励新妈妈给宝宝进行喂奶。喂奶加速了子宫的收缩，也带来了阵阵疼痛，恶露排出得比较多，感觉腰使不上劲，酸胀难受，坐会儿就觉得很累。

刚刚生产的新妈妈，身体抵抗力较弱，稍有差错，就有可能引起伤口感染。因此，一定要悉心呵护伤口，避免给忙乱的月子里增添更多麻烦。

剖腹产的妈妈应该加强腰肾功能的恢复，多补充羊肉、猪腰、山药、芝麻、栗子、枸杞、豆类、蔬菜和各种坚果等食品。要多注意休息，不要长时间抱宝宝，一次喂奶的时间不要太长，避免久坐。

1 日食谱举例

早餐

茯苓粥 1 碗。

午餐

当归羊肉煲，清炒西蓝花，米饭 1 碗。

午点

鱼片粥。

晚餐

鸡汤娃娃菜，清蒸鲈鱼，馒头 1 个。

晚点

牛奶炖蛋。

1. 给家人的护理建议

防止腹部缝线断裂。剖腹产的新妈妈在咳嗽、恶心、呕吐时，容易使腹部缝线断裂，出现上述情况时护理人员要帮助新妈妈；双手压住伤口两侧，以免伤口出现意外。术后第 2 天仍需要进行输液，注意给新妈妈补充水分，增加高热量的饮食。

2. 传统与现代对对碰

老人讲：剖腹产后的前几天没有母乳，就不要频繁地喂宝宝了。

新妈妈认为：多让宝宝尝试，自己也可以增加些经验，还可以促进泌乳。

专家说：剖腹产，特别是没有任何临产征兆就实施手术的新妈妈，更要坚持让宝宝早吸吮，以便尽早开奶。就算奶水不足，也要让宝宝先吸母乳再喂配方奶。泌乳的早晚不会影响产奶的多少，但早接触、早吸吮能达到早哺乳的目的。宝宝的吸吮让妈妈的身体得到需要乳汁的指令，自然可以促进乳汁分泌。要保持足够的信心，相信每个新妈妈都有能力喂饱自己心爱的宝宝。

当归羊肉煲：驱寒补血

推荐容器：砂锅

材料：羊肉 300 克，当归 15 克，绍酒、葱、盐、生姜各适量。

做法：

1. 把羊肉洗净，切成 4 厘米见方的块，用开水焯一下，去掉腥气。
2. 当归洗净切片；生姜洗净切薄片。
3. 将羊肉、生姜、当归、绍酒放入砂锅内，加水，用大火烧沸，再用中小火炖煮 50 分钟。
4. 汤成奶白色后再放入盐、葱即可。

营养功效

驱寒暖身，促进血液循环，排出恶露。

专家点评

绍酒：用绍酒调味时既能增鲜提味，又能增加热度，使菜肴的美味在瞬间的高热中得以完成。由于绍酒含少量的糖分，能使菜肴呈金黄色；同时，还有杀菌防腐，刺激食欲，增进特殊风味等作用。

羊肉：羊肉能够补血温经，用于产后血虚经寒所致的腹冷痛。女性产后无乳，可用羊肉和猪蹄一起炖吃，通乳效果也很好。

小提示

羊肉与食醋搭配会削弱两者的食疗作用，并可产生对人体有害的物质。

茯苓粥：健脾和胃、宁心安神

推荐容器：电饭煲

材料：茯苓粉30克，粳米100克，红枣20枚，豆腐适量。

做法：

1. 将粳米洗净，加水煮粥；豆腐切块。
2. 将红枣文火煮烂，连汤和豆腐一同放入粳米粥内。
3. 再加入茯苓粉搅拌均匀即可。

营养功效

茯苓可利水渗湿，健脾安神，具有较强的利尿作用，能增加尿中的钾、钠、氯等电解质的排出。此外，还有预防新妈妈糖尿病的功效。

小提示

茯苓以体重坚实、外皮呈褐色而略带光泽、皱纹深、断面白色细腻、黏牙力强者为佳。

清炒西蓝花：排出恶露，增强免疫力

推荐容器：不锈钢锅

材料：西蓝花200克，胡萝卜2个，葱、姜、蒜、盐、一品鲜酱油、味精各适量。

做法：

1. 将西蓝花切成一朵一朵的，再从中间切开。
2. 将葱、姜、蒜切丝或块。
3. 将西蓝花放入开水中焯一下。
4. 锅中放油，下入葱、姜、蒜，炒香后，放入西蓝花，快炒后，放入酱油、盐、味精。

营养功效

易于消化，增强免疫力。

小贴士

西蓝花焯水时，时间不能太长，不然烂了就不好吃了，也不能太短，怕不熟，有生味。

第 5 节 产后第 3 天，开始分泌乳汁

顺产妈妈这样补

产后第 3 天开始分泌乳汁了，充足乳汁的来源要靠妈妈的营养摄入。因此顺产的新妈妈应多吃营养丰富的食物和汤类，以促进乳汁分泌量和提高乳汁质量，满足宝宝身体发育的需要。

当新妈妈的身体做好哺乳的准备时，膨胀的血管和充足的乳汁，可能会暂时让你的乳房感到疼痛、肿胀，最初的几天你要给宝宝经常喂奶，会有助于缓解这些不适感。

1 日食谱举例

早餐

豆浆莴笋汤 1 碗，香蕉 1 个，烧饼 1 个。

午餐

荷兰豆烧鲫鱼，清炒小白菜，米饭 1 碗。

午点

猪排黄豆芽汤，苹果 1 个。

晚餐

乌鸡白凤蘑菇汤，红薯粥。

晚点

菠菜鸡蛋面。

1. 给家人的护理建议

乳汁分泌的多少与吸吮刺激有关，另外还与精神状态、睡眠质量、营养供给有直接关系。要想妈妈的乳汁充足，让宝宝尽情地享受这天然的营养资源，保持精神愉快、充足睡眠也是重要的因素之一。护理人员要为新妈妈提供良好的休息环境，确保睡眠时间每天在 8 小时以上，让新妈妈轻松度过在医院的产后时光。

2. 传统与现代对对碰

老人讲：老母鸡非常有营养，泌乳时应多吃。

新妈妈 认为：产后吃老母鸡容易回乳。

专家说：新妈妈产后吃炖老母鸡，容易导致奶水不足，这是因为分娩后，由于血液中雌激素和孕激素的浓度大大降低，催乳素才会发挥促进泌乳的作用，促使乳汁分泌。而老母鸡的卵巢中含有一定量的雌激素，若产后急于食用老母鸡，会使新妈妈血液中雌激素浓度增加，催乳素的效能就因之减弱，进而导致乳汁不足，甚至完全回奶。

猪排炖黄豆芽汤：催乳

推荐容器：砂锅

材料：猪排 500 克，鲜黄豆芽 200 克，料酒 50 克，葱、生姜、盐、味精各适量。

做法：

1. 将猪排洗净切段，放入沸水中焯水，用清水洗净，放入锅中；黄豆芽洗干净。
2. 锅中放清水，加入料酒、葱、生姜，用大火烧沸后，改用小火炖 1 小时。
3. 锅中放黄豆芽，以大火煮沸后，改用小火熬 15 分钟，加盐、味精，拣出葱、生姜即可食用。

营养功效

猪排骨上带肉，为滋补强壮养生佳品；黄豆芽健脾和胃。两者合烹成汁，汤鲜味美，具用催乳、滋补强身作用。

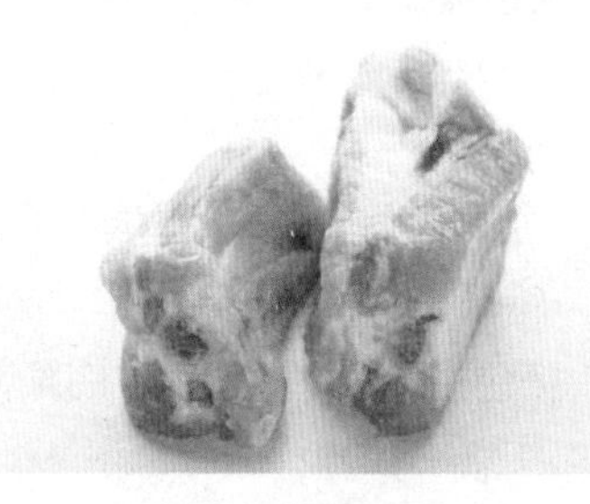

专家点评

猪排：喜欢吃肉多的，排骨可选用肉层较厚者，但较肥，汤汁略油，肉层薄的排骨较瘦，骨多肉少，各有风味。

黄豆芽：黄豆芽中含有丰富的蛋白质和维生素 C，具有保护肌肉、皮肤和血管，防止动脉硬化，消除紧张综合征的作用。新妈妈多吃黄豆芽还能够营养毛发，使头发保持乌黑光亮，防止妊娠斑的发生。

小提示

黄豆芽熬制后可以捞出不食用。猪排肉较多，不宜与桔梗、乌梅同食。

荷兰豆烧鲫鱼：促进乳汁分泌

推荐容器：砂锅

材料：鲫鱼1条，荷兰豆200克，辣椒粉、葱、生姜、蒜、料酒、醋、酱油、盐、冰糖、鸡精各适量。

做法：

1. 锅烧热，加适量茶籽油，待油烧热时，把鲫鱼放进去煎，注意火候把握。
2. 在煎鱼时应注意适时翻面，待鱼煎至7～8成熟时再把豌豆倒进去炒。
3. 炒至豌豆熟后，向锅内加入料酒，再加入少许醋、酱油，加适量的水至锅中，并用大火煮至水开后加盐和冰糖即可。

营养功效

鲫鱼有促进乳汁分泌的作用，新妈妈宜多食。

小提示

腌制的时候只需一点点盐，可在鱼肚子里塞入大蒜及生姜丝适量。

豆浆莴笋汤：滋阴润燥、补虚强身

推荐容器：不锈钢锅

材料：莴笋300克，豆浆300毫升，盐、味精、猪油、大葱、生姜各适量。

做法：

1. 将莴笋去皮洗净，切成条。
2. 生姜切片，葱切节待用。
3. 锅置火上，下猪油烧热至六成热。
4. 下生姜、葱稍炸出香味，下莴笋条、盐炒至断生。
5. 捡去生姜、葱，冲入豆浆烧开加味精即可。

营养功效

莴笋有催奶的功效，配以豆浆煮汤十分适合哺乳期的新妈妈。

小提示

锅要清洁，炸生姜、葱火不宜过大，以免烧焦影响色泽。

剖腹产妈妈这样补

剖腹产的新妈妈泌乳时间要比顺产的新妈妈来得晚一点儿，分泌的量也会稍微少一点儿，没有关系，这是正常现象。剖腹产的新妈妈此时不要太紧张，过分紧张和担心，有可能会导致其有抑乳作用的激素上升，把产乳的激素压下去。产后第 3 天，剖腹产的新妈妈可以多吃些鱼、蔬菜类的汤和饮品，不要着急吃油腻的骨汤，以免乳汁分泌不畅，汤水补得太丰富时，会导致乳房内出现硬块。

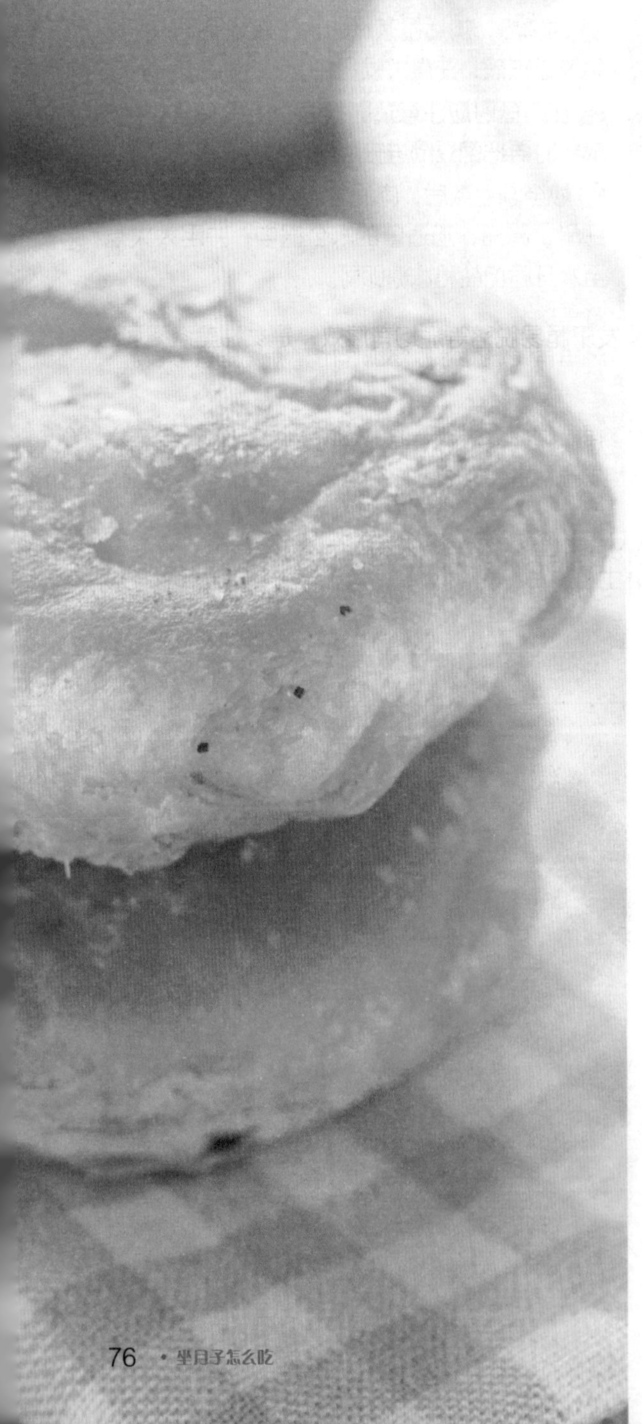

1 日食谱举例

早餐

麦酥饼 1 个，牛奶 1 杯，苹果 1 个。

午餐

虾仁丝瓜，炒红苋菜，米饭 1 碗。

午点

鲢鱼丝瓜汤。

晚餐

香菇鲫鱼汤，豌豆炒鱼丁，面条 1 碗。

晚点

橙汁冲米酒。

1. 给家人的护理建议

在哺乳初期存在许多困难和问题，尤其是剖腹产的新妈妈，思想负担会比顺产的妈妈更重些。

家人要多鼓励新妈妈说："你一定可以的，你的母乳够，你的奶水最好，是宝宝最完美的食物。"

2. 传统与现代对对碰

老人讲：剖腹产使身体损伤很大，现在又开始泌乳了，吃点儿营养品补补吧。

新妈妈认为：还是吃天然的食品有利于身体恢复。

专家说：产后开始泌乳是要加强营养，这时的食物品种应多样化，最好应用五色搭配原理，黑、绿、红、黄、白色都能在餐桌上出现，既增加食欲，又均衡营养，吃下去后食物之间也可互相代谢消化。新妈妈千万不要随便服用营养片来代替饭菜，应遵循人体的代谢规律，用天然的饭菜才是正确的，真正符合药补不如食补的原则。

鲢鱼丝瓜汤：促进乳汁分泌

推荐容器：砂锅

材料：鲢鱼 1 条，丝瓜 300 克，精盐、生姜各适量。

做法：

1. 鲢鱼收拾干净，洗净，切成小块。
2. 丝瓜去皮，洗净，切成段，与鲢鱼一起放入锅中，再放入生姜、精盐，先用旺火煮沸，后改用文火慢炖至鱼熟，即可食用。

营养功效

补中益气、生血通乳，适合产后因气血不足而导致乳汁量少或不通的女性食用。

专家点评

鲢鱼：鲢鱼能提供丰富的胶质蛋白，既能健身，又能美容，是女性滋养肌肤的理想食品。它对皮肤粗糙、脱屑、头发干脆易脱落等症均有疗效，是女性美容不可忽视的佳肴。

丝瓜：丝瓜中含有防止皮肤老化的维生素 B_1、增白皮肤的维生素 C 等成分，能保护皮肤、消除斑块，使皮肤细嫩洁白，是美容佳品。

将丝瓜榨汁兑水洗脸，连续一月，可除去肌肤多余油脂，缩小毛孔。

小提示

鲢鱼是发物，因此有疾病、疮疡者应当慎食或者不食。鲢鱼不宜与牛肝、鹿肉及中药荆芥同吃，否则不利于健康。

虾仁丝瓜：补充优蛋白，催乳

推荐容器：砂锅

材料：虾仁 200 克，丝瓜 1 根，胡椒粉、玉米淀粉、料酒、葱、生姜、红辣椒、生抽、食盐、油各适量。

做法：

1. 虾仁加少许料酒、胡椒粉、玉米淀粉拌匀备用，丝瓜切滚刀块。
2. 热锅下油，爆香生姜丝蒜片，红椒，先放虾仁翻炒几下，下丝瓜大火快炒。
3. 洒少许生抽，翻匀，勾芡，加少许盐，出锅。

营养功效

月经不调者，身体疲乏、痰喘咳嗽、产后乳汁不通的妇女适宜多吃丝瓜。虾仁营养丰富，其肉质松软，易消化，对身体虚弱以及病后需要调养的人是极好的食物。

小提示

烹制丝瓜时应注意尽量保持清淡，油要少用，可勾稀芡，用味精或胡椒粉提味，这样才能显示丝瓜香嫩爽口的特点。

香菇鲫鱼汤：行气通乳

推荐容器：砂锅

材料：鲫鱼 1 条，新鲜香菇 100 克，木耳 5 克，盐、鸡精、葱、生姜、料酒各适量。

做法：

1. 香菇洗净，切片；木耳泡发，摘去根部。
2. 鲫鱼去内脏，洗净，擦干鱼身的水。
3. 热油锅，爆香生姜片后煎鱼，两面煎透，加料酒，加两碗水，盖盖子大火煮开。
4. 待汤成奶白色后，放入香菇和木耳，煮熟即可。

营养功效

行气通乳，预防乳腺疾病。

小提示

香菇不宜与番茄同吃，会破坏类胡萝卜素，降低营养价值。

第6节 产后第4天，对症产后抑郁

顺产妈妈这样补

雌激素对人的情绪有很大影响，在刚生产以后新妈妈身体内的雌激素会突然降低，很容易发生抑郁性的心理异常表现，情绪就容易波动、不安、低落，常常为一点儿小事就不称心而感到委屈，甚至伤心落泪。出现这种抑郁情绪，不但影响新妈妈本身的恢复和精神状态，还会影响正常哺乳。此时，应该多吃些鱼肉和海产品，鱼肉含有一种特殊的脂肪酸，有抗抑郁作用。

1日食谱举例

早餐

苹果葡萄干粥，煮鸡蛋1个。

午餐

干贝冬瓜汤，炒青笋，米饭1碗。

午点

鲜榨橙汁1杯。

晚餐

雪菜冬笋黄鱼汤，鱼香豆腐，面条1碗。

晚点

香蕉百合银耳汤1碗。

1. 给家人的护理建议

适当给予情绪发泄的机会。大部分新妈妈或多或少都会出现产后沮丧的现象，不过一般症状都很轻，只是一种轻度的情绪疾患，是最常见的产后心理调适问题。护理人员要帮助妈妈减轻心理压力，也要适当给予妈妈情绪发泄的机会。

2. 传统与现代对对碰

老人讲：一定是做错了什么事，才会患上产后抑郁。

专家说：从生理上解释，新妈妈在怀孕期间会分泌出许多保证胎儿成长的雌激素，但在产后3天之内逐渐消失，改为促进分泌母乳的其他激素。在这段很短的时间内，新妈妈体内雌激素的剧烈变化，会导致精神上种种不安，如头疼、轻微忧郁、无法入睡、手足无措等症状，这是正常的生理现象，在家人正确及时的关心疏导下，产后抑郁会很快消失的。

雪菜冬笋黄鱼汤：预防产后抑郁

推荐容器：砂锅

材料：黄鱼1条，冬笋150克，雪菜100克，猪肉30克，葱、生姜、花生油、香油、清汤、料酒、胡椒面、盐、味精各适量。

做法：

1 先将黄鱼去鳞，除内脏，洗净，冬笋发好，切片，把雪菜洗净，切碎；猪肉洗净，切片备用。

2 将花生油下锅烧热，放入鱼两面各煎片刻；然后锅中加入清汤，放入冬笋、雪菜、肉片、黄鱼和作料，先用武火烧开，后改用文火烧15分钟，再改用武火烧开，拣去葱、生姜，撒上味精、胡椒面，淋上香油即成。

营养功效

补气开胃、填精安神，适用于体虚食少和肺结核病人，以及手术后病人的营养滋补。

专家点评

黄鱼：清洗黄鱼不必剖腹，可以用筷子从口中搅出肠肚，再用清水冲洗几遍即可。煎鱼时，先把锅烧热，再用滑油锅，当油烧至冒烟时，油已达到八成热，这时放入鱼，不易粘锅。

雪菜：雪菜含有大量的抗坏血酸，是活性很强的还原物质，参与机体重要的氧化还原过程，能增加大脑中氧含量，激发大脑对氧的利用，对新妈妈有醒脑提神、解除疲劳的作用。

小提示

黄鱼搭配苹果有助于营养的全面补充。

干贝冬瓜汤：稳定情绪

推荐容器：砂锅

材料：干贝 5 个，冬瓜 200 克，生姜 10 克，清汤（鸡汤），盐少许。

做法：

1. 将干贝洗净，倒入热水，盖上碗盖闷 30 分钟，泡发。
2. 冬瓜洗净去皮和子、内瓤，切块。
3. 生姜切成丝。
4. 清汤倒入锅内加入冬瓜、盐，煮开后改小火煮至冬瓜熟烂，将泡发的干贝同汤汁倒入锅内，撒上生姜丝即可食用。

营养功效

冬瓜属寒，如果加入属寒的海带，可适合热证者食用。而寒证者可用温性的鸡汤，多加生姜丝。同时，冬瓜子可治慢性胃炎，润肺化痰，消痛利尿，润泽皮肤。

小提示

此汤性平，适合任何体质的新妈妈食用。

苹果葡萄干粥：提神补脑

推荐容器：电饭煲

材料：白米 50 克，苹果 1 个，葡萄干 20 克，蜂蜜适量。

做法：

1 白米洗净沥干，苹果洗净后切片去子。

2 锅中加水 10 杯煮开，放入白米和苹果，续煮至滚沸时稍微搅拌，改中小火。

3 葡萄干放入碗中，倒入滚烫的粥。待粥的温度冷却到 40℃以下即可将蜂蜜放入粥中，拌匀即可食用。

营养功效

此粥生津止渴、润肺除烦、健脾益胃、养心益气。

小提示

煮粥时水烧开后下锅不容易煳底。

剖腹产妈妈这样补

剖腹产的新妈妈要比顺产的新妈妈更易抑郁，术后的疼痛、恼人的伤口、哭泣的宝宝都在考验着新妈妈的耐心。要引起注意的是产后抑郁对宝宝的生长和发育也有影响。剖腹产伤口在一天天愈合，这期间要避免发生感染，多吃富含维生素 C 和维生素 E 的食品，加快伤口的愈合。

1 日食谱举例

早餐

馄饨 1 碗，香蕉 1 个。

午餐

竹荪莲子猪心，虾皮烧菜心，米饭 1 碗。

午点

菠萝鸡片汤。

晚餐

宫保蛤蜊，鱼头海带豆腐，葱香花卷。

晚点

柠檬香菇汤。

1. 给家人的护理建议

帮助查看伤口。产后第 4 天，剖腹产妈妈的伤口需要第 2 次换药，要注意检查有无渗血及红肿，如为肥胖、糖尿病、贫血患者及有其他情况，可能会影响伤口愈合，要特别加以注意。发现伤口红肿，可用 95%的酒精纱布湿敷，每日 1 次。

2. 传统与现代对对碰

老人讲：产后抑郁吃点儿药缓解一下症状。

专家说：大约有 80%的新妈妈都会出现产后抑郁，常常在产后 3 ~ 4 天出现。这种情况是暂时的，它的好转就像它来时那么快。新妈妈只需要取得家人的理解与呵护，多与有同样经历的妈妈讨论一下育儿经验，多分散注意力就可以了。如果靠药物来减轻这些症状，分解的药物会随乳汁分泌出来，宝宝吸收后身体会有不良的反应。

鱼头海带豆腐汤：促进大脑发育

推荐容器：砂锅

材料：鱼头 2 个，嫩豆腐 100 克，海带 50 克，料酒、葱、生姜、香菜、盐、味精各适量。

做法：

1. 鱼头去鳃洗净，从中间劈开，沥水或用厨房纸擦干。
2. 旺火烧热油，煎鱼头至表面略微焦黄，倒入水，旺火烧之。当然有高汤更好。
3. 同时放入葱、生姜和适量的醋，旺火烧至沸腾，转到温火慢炖。
4. 汤呈乳白色时，加入切成块的嫩豆腐和海带后继续炖。
5. 豆腐熟透后加入盐和香菜，几分钟后即可关火享受了。

营养功效

胖头鱼富含磷脂和可改善记忆力的垂体后叶素，能够补充营养，防治抑郁。

专家点评

豆腐：散装的豆腐很容易腐坏，买回家后，应立刻浸泡于水中，并放入冰箱冷藏，烹调前再取出。烹调后 4 小时内吃完，以保持新鲜，最好是在购买当天食用完毕。盒装豆腐较易保存，但仍须放入冰箱冷藏，以确保在保存期限内不会腐败。

海带：海带中大量的碘可以刺激垂体，使女性体内雌激素水平降低，恢复卵巢的正常机能，纠正内分泌失调，消除乳腺增生的隐患。

小提示

烹饪时加点儿醋，可以使海带熟得更快。

虾皮烧菜心：益智安神

推荐容器：铁锅

材料：青菜心 200 克，笋 100 克，虾皮 20 克，黄酒、盐、高汤各适量。

做法：

1. 将择好的菜心切成长段，笋洗净后切成片，虾皮用水浸洗干净。
2. 锅中油烧至六成热，把菜心倒进锅中翻炒。
3. 菜心翻炒 10 分钟后加入笋片、虾皮和盐再炒一会儿，加入黄酒和高汤。
4. 用中火烧约 5 分钟，至菜肴熟烂，翻炒匀即可。

营养功效

虾皮营养价值高，富含钙、磷和铁等，有强壮骨质、预防佝偻病之功效。

小提示

上火的新妈妈不宜食用虾皮。

黑木耳红枣汤：补益气血

推荐容器：不锈钢锅

材料：黑木耳 30 克，红枣 10 枚。

做法：

1. 将黑木耳洗净，切成小方块。
2. 红枣去核。
3. 放入容器中加水适量，炖煮半个小时左右。

营养功效

黑木耳中铁的含量极为丰富，因此常吃木耳能养血驻颜，令人肌肤红润，容光焕发，并可防治缺铁性贫血；红枣中富含钙和铁，对防治骨质疏松及贫血有重要作用，适合新妈妈食用。

小提示

枣皮中含有丰富的招牌营养素，炖汤时应连皮一起烹调。

第7节 产后第5天，保持最佳睡眠质量

顺产妈妈这样补

在产后第5天，由于身体所受的困扰在减轻，新妈妈开始有精力去关注宝宝，关于宝宝的什么事情都想亲力亲为，每天神经都绷得紧紧的，夜里还总惦记着给宝宝喂奶，很容易导致失眠。

这时候应适量选择食用一些有助于调节神经功能的食品，如鱼、蛤俐、虾、猪肝、猪腰、核桃、花生、苹果、蘑菇、豌豆、牛奶、蜂蜜等。

1日食谱举例

早餐

胡萝卜小米粥1碗，蜂蜜水1杯。

午餐

番茄卷心菜牛肉，豆豉田螺汤，米饭1碗。

午点

银鱼苋菜汤，苹果。

晚餐

冬瓜芦笋鸽蛋汤，海带焖饭。

晚点

木瓜牛奶西米露。

1. 给家人的护理建议

建立新的生活规律提供给新妈妈的食物要以清淡而富含蛋白质、维生素的为宜，辅助新妈妈进行适量的锻炼和活动，帮助安排好产后生活，让新妈妈重新建立有规律的生活节奏，定时上床，晚餐不宜过饱，睡前不饮刺激性饮料。

2. 传统与现代对对碰

老人讲：白天宝宝睡觉时，妈妈也应该跟着睡。

专家说：产后的新妈妈重新建立生活规律，避免情绪波动太大，是防范失眠的好办法。白天妈妈可以在同一时间段内休息，20 ~ 30分钟的小憩就能让精力充沛。但如果白天小憩时间超过这一长度，醒来后可能比小憩之前精神还差。宝宝每天大概要睡上20个小时，而妈妈则需要8 ~ 10小时即可。所以，如果白天睡眠时间超过3小时，夜间的睡眠肯定会受到影响。

蛤蜊豆腐汤：安神益智

推荐容器：砂锅

材料：蛤蜊 250 克、豆腐 200 克、咸火腿肉 1 大片，葱 1 根、生姜 2 片、高汤 1 碗、盐 1 小勺、白胡椒粉适量。

做法：

1. 蛤蜊用冷水淘洗几次，放入清水中静置 2 小时吐净泥沙备用。
2. 热锅，把培根肉切小块放入锅中煸出香味，再放入葱生姜一起爆香。
3. 倒入一碗高汤大火煮开。
4. 放入切块的豆腐煮开。
5. 再放入蛤蜊，中火加盖煮 5 分钟。
6. 最后加入盐和白胡椒粉即可。

营养功效

蛤蜊含有蛋白质、脂肪、碳水化合物、铁、钙、磷、碘、维生素、氨基酸和牛磺酸等多种成分，搭配豆腐能够补充新妈妈所需的营养素，提高睡眠质量。

专家点评

蛤蜊：蛤蜊等贝类本身极富鲜味，烹制时不宜放味精，食盐也不宜多放。蛤蜊最好提前一天用水浸泡才能吐干净泥土。

白胡椒：新妈妈肠胃虚寒，可在炖肉时加入人参、白术，再放点儿白胡椒调味，除了散寒以外，还能起到温补脾胃的作用。

小提示

购买时可拿起轻敲，若为“砰砰”声，则蛤蜊是死的；相反若为“咯咯”较清脆的声音，则蛤蜊是活的。

胡萝卜小米粥：催眠养胃

推荐容器：电饭煲

材料：胡萝卜2根，小米50克。

做法：

1. 将胡萝卜洗净，切丝备用。
2. 胡萝卜丝与小米同煮成粥，粥熟后，即可食用。

营养功效

益脾开胃，补虚明目，补充营养，保证睡眠质量。冬春季小米粥更适于产妇。

小提示

可将红枣、红小豆、红薯等替换胡萝卜，也能起到相应作用。

海带焖饭：强身健体、安神补脑

推荐容器：电饭煲

材料：大米 300 克，海带 60 克，盐、水各适量。

做法：

1. 将大米拣去杂物，淘洗干净；海带放入凉水盆中洗净泥沙，切成小块。
2. 锅置火上，放入海带块和水，旺火烧开，滚煮 5 分钟，煮出滋味，随即放入大米和盐，再开后，不断翻搅，烧 10 分钟左右，待米粒涨发，水快干时，盖上锅盖，用小火焖 10 ~ 15 分钟即熟。

营养功效

海带含有丰富的钙，可防治人体缺钙。海带中的碘可以刺激垂体，使女性体内雌激素水平降低，恢复卵巢的正常机能，纠正内分泌失调，消除乳腺增生的隐患。

小提示

虽然海带焖饭能够补充营养素，但哺乳期的新妈妈不宜过多食用，因为海带中的碘可随血液循环进入胎儿和婴儿体内，引起甲状腺功能障碍。

剖腹产妈妈这样补

剖腹产妈妈的睡眠也很容易出现问题，尤其是生产后特别爱出皮汗，每次半夜醒来，都会大汗淋漓，感觉烦躁不安，皮肤表面是凉凉的，而身体内却是热热的。这些都是因为剖腹产妈妈失血过多，血虚肝郁导致的结果。

长时间睡眠不足，除新妈妈健康受影响外，也会影响宝宝。首先睡眠不足或严重失眠时乳汁分泌量会减少，其次是由于长期失眠造成新妈妈抑郁和焦急，这些不良情绪也会影响到宝宝。剖腹产妈妈可在每晚睡觉前半小时，补充一杯热牛奶或是一碗小米粥，帮助顺利入睡。

1 日食谱举例

早餐

鸡茸玉米羹，苹果 1 个。

午餐

番茄百合猪肝汤，农家炒笋，米饭 1 碗。

午点

生菜苹果汁。

晚餐

山药炒鸭腿肉，香菇鲫鱼奶汤，青菜面。

晚点

雪梨香蕉汁。

1. 给家人的护理建议

帮助新妈妈消除紧张情。剖腹产妈妈产后的失眠，有些是因为失血过多和心情紧张所导致的。护理人员白天要和新妈妈多交流，帮助新妈妈进行一些简单的头部按摩，晚上睡前半小时要将灯光转暗，为入睡创造良好的环境。

2. 传统与现代对对碰

老人讲：虽然已恢复得不错，但是照顾宝宝还是家里人的事情。

专家说：产后第 5 天的新妈妈，已经从疲倦中走出，作为母亲，大多数都已经树立了喂养宝宝的信心，哺喂宝宝的动作也熟练起来了。此时要让新妈妈参与到宝宝的护理工作中来，可以帮助更好地建立亲子关系，了解宝宝的基本生活规律，对及时调整产后心理落差也会起到很好的作用。

鸡茸玉米羹：调整神经系统

推荐容器：铁锅

材料：鸡肉300克，玉米粒300克，青豆100克，鸡蛋1个，高汤或者罐头鸡汤适量。

做法：

1. 鸡肉切成青豆般大小。
2. 青豆洗净备用。
3. 高汤或者罐头鸡汤放锅内，烧滚后把鸡肉丁、玉米、青豆倒入锅中，再烧开，转中小火煲20分钟，加少许盐调味。
4. 用水淀粉勾薄芡，将打散的鸡蛋液淋入羹中快速搅拌，关火。

营养功效

促进细胞代谢，调节神经系统。

专家点评

鸡肉：鸡肉用药膳炖煮，营养更全面。带皮的鸡肉含有较多的脂类物质，所以比较肥的鸡应该去掉鸡皮再烹制。

玉米：玉米中玉米胚芽中的维生素E还可促进人体细胞分裂，防止皮肤出现皱纹；玉米须有利尿作用，也有利于减肥。膨化后的玉米花体积很大，食后可消除肥胖者的饥饿感，但含热量却很低，是减肥食品之一。

小提示

先勾芡再淋蛋液是蛋花做得漂亮的关键。

番茄鸡片：调节心情，增强免疫力

推荐容器：铁锅

材料：鸡胸脯肉300克，番茄200克，蚕豆淀粉15克，胡椒粉，盐、味精、猪油各适量。

做法：

1. 将鸡脯肉去筋膜，片为薄片，入碗；鸡肉碗内磕入鸡蛋清，加盐、湿淀粉，拌匀上浆。
2. 番茄用开水烫后，撕去皮，挤去子，剁成米粒大的丁；葱洗净，用葱白切成末。
3. 炒锅置旺火，热后用猪油涮锅，注入猪油，烧至三成热，下鸡片划散，取出沥油。
4. 炒锅上火，注入油，烧至七成热，下葱炝锅，下番茄、鸡片煸炒。
5. 将鸡清汤30毫升、盐、味精、胡椒粉、白糖、湿淀粉10毫升兑成碗芡。
6. 将碗芡徐徐下锅勾芡，淋上明油，簸锅均匀，装盘即成。

营养功效

补充维生素，调养大脑神经。

小提示

青色未熟的西红柿不宜食用。

番茄百合猪肝汤：清肺火，保证睡眠

推荐容器：不锈钢锅

材料：猪肝 300 克，小番茄 4 个，百合适量，生姜 3 片。

做法：

1 猪肝切薄片，用开水烫一下，捞出。猪肝选择颜色淡、接近粉色的口感会比较好。

2 将猪肝腌制约 10 分钟。如果想让猪肝充分进味，可在煲汤前将切好的猪肝加入酱油、酒、胡椒、生粉适量。

3 番茄切块，与百合用中火煮约 10 分钟，加入生姜片。煲汤用的番茄应挑选手感较硬的。切前先用开水烫一下，这样易将外皮剥掉，不会有皮浮在汤上。百合如选用新鲜的，应挑选表皮洁白光鲜的。如用干百合，可适当延长煲煮时间。

4 加入猪肝及适量调味料，中火煮 30 ~ 40 分钟即可。

营养功效

补血、润肺、清火。

小提示

番茄不宜长时高温加热，因为番茄红素遇光、热和氧气容易分解，失去保健作用。

第8节 产后第6天，补虚抗疲劳

顺产妈妈这样补

看着忙得不亦乐乎的家里人，新妈妈有时会觉得“心有余而力不足”，总想帮忙干些什么，但浑身没劲儿，四肢乏力，懒洋洋地提不起精神来。失血、失眠、食欲不佳都在耗费着新妈妈的精力，这时候要增加食物品种的多样性，变化食物的烹饪手法，争取多摄入一些高蛋白、高热量、低脂肪、有利于吸收的食物。

1日食谱举例

早餐

皮蛋瘦肉粥，桑寄生煲鸡蛋。

午餐

益母草木耳汤，糖醋里脊，米饭1碗。

午点

蟹肉莲藕粥。

晚餐

木瓜排骨汤，荔枝粥。

晚点

牛奶1杯，饼干适量。

1. 给家人的护理建议

营造良好的进餐氛围。如果新妈妈有厌食的现象，护理人员不要急于让新妈妈吃这个吃那个。每天面对那些汤汤水水，新妈妈一个人吃其实没有意思，要是有一个浓厚的吃饭氛围，大家一起参与其中，会让新妈妈觉得吃饭也是件快乐的事情。

2. 传统与现代对对碰

老人讲：月子里要禁盐，不然身体会浮肿。

专家说：饭菜里放少量的盐对新妈妈是有益处的。在产后前几天里身体会出很多汗，乳腺分泌也很旺盛，体内容易缺水、缺盐，这时期让新妈妈吃无盐饭菜会适得其反，只会让新妈妈食欲不佳，并感到身体无力，甚至还会影响乳汁的正常分泌。

皮蛋瘦肉粥：对抗体虚

推荐容器：电饭煲

材料：大米150克，皮蛋2个，猪瘦肉250克，油条1根，香葱1棵，生姜少许，香菜1棵。

做法：

1. 皮蛋剥壳，每个用细线切成等量的8瓣备用。
2. 大米淘好后拌入少量油。
3. 生姜洗净切丝，香葱洗净切成葱花，香菜切末。
4. 猪瘦肉洗净沥干水，用3小匙精盐腌3小时至入味，再放入蒸锅蒸20分钟取出切片。
5. 将油条切小段，放入热油锅中，以小火炸约30秒至酥脆后，捞起沥油。
6. 将米放入粥锅，加水煮开，转中火煮约30分钟。
7. 放入皮蛋和瘦肉片、生姜丝及其余调味料一起煮开后，再继续煮几分钟即熄火，食用前加入油条及香菜、葱花即可。

营养功效

松花蛋较鸭蛋含更多矿物质，脂肪和总热量却稍有下降，它能刺激消化器官，增进食欲，促进营养的消化吸收，搭配瘦肉还能够补养虚体。

专家点评

大米：要挑选米粒整齐，少有碎粒的。新米的米粒白、半透明，仔细看上面有较清晰的一条一条的纹路的米比较好。陈米是乳白色的，不透明，有些陈米重新磨过比较光滑，看不到纹路。

皮蛋：成品松花蛋，蛋壳易剥不粘连，蛋白呈半透明的褐色凝固体，蛋白表面有松枝状花纹，蛋黄呈深绿色凝固状，有的具有糖心。切开后蛋块色彩斑斓。食之清凉爽口，香而不腻，味道鲜美。

小提示

粳米不宜与马肉、蜂蜜同食；不可与苍耳同食，否则会导致心痛。

荔枝粥：抗疲劳补品

推荐容器：电饭煲

材料：大米20克，紫米30克，荔枝肉100克，香油适量。

做法：

1. 大米、紫米淘洗，浸泡2～3小时.
2. 电饭煲内加水，水开后放入大米和紫米，顺时针搅拌后炖煮半小时。
3. 放入荔枝，继续顺同一方向搅拌，同时放几滴香油继续煮半小时即可。

营养功效

改善失眠与健忘，提高抗病能力。

小提示

荔枝性热，阴虚火旺的新妈妈不宜多吃。

牛筋花生汤：强筋骨、抗疲劳

推荐容器：不锈钢锅

材料：牛蹄筋100克，花生150克，红糖适量。

做法：

1. 牛蹄筋洗净。
2. 花生洗净。
3. 牛蹄筋与花生共放砂锅中，加入适量的水，文火炖煮2小时。
4. 煮至牛筋与花生熟烂，汤汁浓稠时，加入红糖，搅匀即可。

营养功效

此汤具有养血补气、强壮筋骨的作用。

小提示

肠胃虚弱者不宜食用花生，同时花生不宜与黄瓜、螃蟹同食，否则易导致腹泻。

剖腹产妈妈这样补

前 5 天的产后生活紧张而忙碌，剖腹产妈妈的关注焦点都在疼痛、伤口、乳汁分泌、情绪等问题上，对于其他则没有精力去考虑。产后第 6 天，关注的焦点就全放在宝宝身上了，经过出生前几天的脱水，宝宝开始增加体重了，需要的供给也多了，新妈妈自然把吃放在了首位。需要增强体力来照顾宝宝的剖腹产妈妈，适当增加些肉类、甜品都是可以的。尽量少食多餐，粗细搭配，品种多样，应季为主。

1 日食谱举例

早餐

龙眼羹，豆浆 1 杯。

午餐

芋头排骨汤，香酥参归鸡，米饭 1 碗。

午点

红豆酒酿蛋。

晚餐

菜花炒番茄，韭黄炒鳝鱼，排骨汤面。

晚点

牛奶燕麦粥。

1. 给家人的护理建议

多吃当季盛产的食物有句老话叫“不时不食”，也就是说，食物的性质与气候环境的变化是密切相关的。如果不是应季食物，它就没有那个季节的特性，营养价值就会因此改变。因此，产后新妈妈饮食的原则应遵循应季为主、当地盛产的原则，这样是比较合理和安全的。对于新妈妈在产前没有吃过的一些食物应该谨慎选择，避免食品过敏的事情发生。

2. 传统与现代对对碰

老人讲：汤比肉更有营养，喝汤不吃肉就可以了。

专家说：新妈妈应该常喝些汤，如鸡汤、排骨汤、鱼汤和猪蹄汤等，以利于泌乳和恢复体力。肉的营养价值也很高，吃肉可以摄取其中的优质蛋白质、矿物质，这些物质都在肉里面，而不在汤里面，所以，喝汤的同时也要吃些肉类，那种“汤比肉更有营养”的说法是不科学的。应该既吃肉又喝汤。

芋头排骨汤：增强抵抗力

推荐容器：砂锅

材料：猪排骨300克，芋头200克，油菜30克、小枣10克，大葱15克，生姜、黄酒、盐、花生油各适量。

做法：

1. 将猪排骨洗净斩成寸段，焯水捞出法去血沫沥干。
2. 芋头洗净去皮，用挖球器挖成球状。
3. 油菜洗净沥干；小枣洗净待用。
4. 葱、生姜洗净分别切段、片备用。
5. 锅内下入花生油烧至六成热后放入芋头球，翻炒至发黄后出锅。
6. 油菜放入油锅煸香。
7. 另起锅，放入清汤大火烧开，放入排骨、葱段、生姜片、黄酒，开锅后小火焖煮2小时。
8. 放入芋头小枣，再小火焖煮1小时，放入青菜心，盐煮1分钟后即可。

营养功效

增进食欲，补中益气。

专家点评

芋头：芋头含有丰富的黏液皂素及多种微量元素，可帮助机体纠正微量元素缺乏导致的生理异常，同时能增进食欲，帮助消化。芋头还能帮助新妈妈补中益气。

油菜：油菜搭配香菇能够预防癌症；搭配虾仁增加钙吸收、补肾壮阳；搭配豆腐能够止咳平喘，增强机体免疫力；搭配肌肉能强化肝功能、抵御皮肤过度角质化。

小提示

芋头、排骨要和高汤分开煮，不能直接把芋头、排骨和高汤一起煮，而是蒸芋头、排骨后，等到要吃前再加入高汤，否则汤色浑浊而不清，影响观感和食欲。

龙眼羹：补血安神

推荐容器：电饭煲

材料：龙眼肉 50 克、鸡蛋 1 个。

做法：

1. 清水煎至龙眼肉。
2. 30 分钟后打入鸡蛋，共炖至熟。

营养功效

龙眼含有多种营养物质，有补血安神，健脑益智，补养心脾的功效，是健脾长智的传统食物，对失眠、心悸、神经衰弱、记忆力减退、贫血有较好的疗效。

小提示

龙眼果实除鲜食外，还可制成罐头、酒、膏、酱等，亦可加工成龙眼干肉等。

母鸡汤：补养体虚

推荐容器：砂锅

材料：鸡肉 300 克，冬笋 30 克，水发木耳 30 克，胡椒粉 5 克，大葱 15 克，生姜 5 克，黄酒 8 克，盐 5 克。

做法：

1. 木耳洗净。
2. 葱切短段，生姜切片。
3. 将母鸡肉切成方块带骨，先入开水内煮一下，再入油锅爆一下，再加鸡汤放入锅内炖。
4. 鸡块酥透时，再放入笋片、木耳和黄酒、盐、胡椒粉、葱段、生姜片，烧成奶白色即好。

营养功效

体虚的新妈妈可以多食以改善疲劳症状。

小提示

木耳不宜与田螺同食，寒性的田螺，与滑利的木耳，不利于消化。

第 9 节　产后第 7 天，健脾益胃

顺产妈妈这样补

产后第 7 天，新妈妈精神状况大有好转，恶露的颜色也没有前几天那样鲜红了，伤口恢复得也不错，没有那么多烦心的事情来分心，胃口跟着好起来了，宝宝的胃口也很好。此时，新妈妈要摒弃产前的一些不良饮食习惯，如喜欢喝茶的新妈妈，暂时要放弃这个习惯。

1 日食谱举例

早餐

红豆黑米粥，牛肉萝卜汤，馒头半个。

午餐

白菜鲫鱼汤，虾仁鲜蔬炒豆干，香菇山药羹。

午点

肉末小土豆汤，香蕉 1 个。

晚餐

南瓜肉丸汤，圆白菜炒香菇，米饭 1 碗。

晚点

培根卷心菜汤。

1. 给家人的护理建议

避免食物过敏如果是产前没有吃过的东西，尽量不要给新妈妈食用，以免发生过敏现象，在食用某些食物后如发生全身发痒、心慌、气喘、腹痛、腹泻等现象，应考虑到食物过敏，立即停止食用这些食物。食用肉类、动物内脏、蛋类、奶类、鱼类应烧熟煮透。

2. 传统与现代对对碰

老人讲：早餐一定要吃。

专家说：其实哺乳期的早餐更重要。经过一夜的睡眠，体内的营养已消耗殆尽，血糖浓度处于偏低状态，如果不能及时充分补充血糖浓度，就会出现头昏心慌、四肢无力、精神不振等症状。而且哺乳期的妈妈还需要更多的能量来喂养宝宝，所以这时的早餐要比平常更丰富、更重要，不要破坏基本饮食模式。

木瓜带鱼汤：安心益神、健脾益胃

推荐容器：不锈钢锅

材料：带鱼400克，木瓜200克，黑木耳20克，排骨200克，莲子10克，葱、生姜、蒜、盐、白糖、胡椒、醋、味精、料酒、花椒各适量。

做法：

1. 木瓜洗净去皮，剖开去子，切块。
2. 黑木耳洗净，用温水泡软，去蒂，撕成大小适中的块状。
3. 排骨洗净切块，汆水捞起。
4. 带鱼洗净，腹内黑膜一定要刮净，沥干水，切5厘米的块状。热锅放两汤匙油，待油烧至七成热，下带鱼块和生姜片，小火煎至两面微黄铲起。
5. 煮沸清水，放入所有材料，武火煮20分钟，转文火煲一个半小时，下盐调味即可品尝。

营养功效

此汤具有润肺舒脾、养肝补血、泽肤养发、丰胸催乳的功效，可治神志恍惚或神经衰弱，心悸怔忡，失眠健忘。常服有平补三焦、延年益寿之效。

专家点评

木瓜：哺乳期间的妇女食用木瓜可增加乳量，常年消化不良的人，不妨尝试多食木瓜。

莲子：莲子皮薄如纸，剥除很费时间。若将莲子先洗一下，然后放入开水中，加入适量老碱，搅拌均匀后稍闷片刻，再倒入淘米箩内，用力揉搓，即可很快去除莲子皮。

小提示

放点儿生姜和料酒可去除猪肚本身的味道。使汤味鲜美。

白菜鲫鱼汤：补虚强体、健脾开胃

推荐容器：砂锅

材料：鲫鱼 1 条，白菜 100 克，生姜、油、盐、枸杞各适量。

做法：

1. 将鱼开膛去杂，洗净，控干水分，将白菜洗净，将枸杞洗净。
2. 锅烧热，倒油烧热后放入鱼煎至两面上色定型，将生姜片放入，再倒入适量的水煮开，煮至汤色发白，放入白菜继续煮 10 分钟左右后，再将枸杞放入，再煮 2.3 分钟放盐即可。

营养功效

此汤能够补中益气，健脾开胃。

小提示

鲫鱼洗净后，在牛奶中泡一会儿既可除腥又能增加鲜味。

红豆黑米粥：有效缓解头晕症状

推荐容器：电饭煲

材料：黑米 200 克，红豆 50 克，冰糖、水各适量。

做法：

1. 红豆和黑米洗净，提前用清水分别浸泡 12 小时以上。
2. 煮粥时，将黑米用水浸泡一夜（冬季需浸泡两昼夜），将泡米水与黑米同煮，以保存营养成分。
3. 将泡好的红豆也放入锅中大火煮开。
4. 等大火煮沸后，转至小火煮慢炖至红豆微开花熟软即可。
5. 最后按个人口味加入适量的冰糖，待冰糖融化后关火。

营养功效

开胃健脾、增强免疫力。

小提示

消化能力较弱的新妈妈不宜急于吃黑米。

剖腹产妈妈这样补

腹部伤口使用无损伤线缝合的新妈妈今天终于可以拆线了，但是，完全恢复的时间需要 4 ~ 6 周。如果是产前过于肥胖或由糖尿病、贫血及其他影响伤口愈合的疾病可能要延迟拆线。

出院前要牢记医生和护士的嘱咐，需要了解如何避孕、如何运动以及如何均衡营养等知识，还要记住什么时间复诊。

此时新妈妈心理负担小了一些，对于产后新生活充满了信息和憧憬。此时对于营养的需求格外强烈，养好身体才能养好宝宝。

1 日食谱举例

早餐

芸豆山药羹，南瓜桂圆糕。

午餐

荷兰豆肉片汤，菠菜炒鸡蛋，腐竹粟米猪肝粥。

午点

黄金玉米薯泥。

晚餐

圆白菜烩豆腐丝，咖喱鸡汤玉米笋，米饭 1 碗。

晚点

木瓜牛奶露。

1. 给家人的护理建议

密切注意伤口的愈合情况。剖腹产后第 7 天伤口敷料已去除，伤口应无红肿，如果新妈妈感觉刀口很痒，伤口周围皮肤红红的，这种情况有可能是瘢痕体质或者手术缝合线过敏造成的，应该请医生检查伤口的愈合情况。

2. 传统与现代对碰

老人讲：剖腹产对身体的损害很大，应该吃些人参好好补补。

专家说：剖腹产妈妈产后即刻服用人参，会使伤口长时间渗血，反而不利于剖腹产伤口的愈合。另外，产后第 1 周是排恶露的关键期，此时服人参，尤其是高丽红参，会使得盆骨变少，恶露就难以排出，导致血块瘀滞子宫，引起腹痛，严重的还会引起大出血。剖腹产妈妈通常在产后 2 ~ 3 周产伤基本愈合、恶露也明显减少时才可少量服用人参。一般来说，产后 2 个月如有气虚症状，要听从医生的建议，适量服用人参。

腐竹粟米猪肝粥：预防产后贫血

推荐容器：电饭煲

材料：鲜腐竹 50 克，粟米 30 克，猪肝 150 克，生姜、盐各适量。

做法：

1. 鲜腐竹洗干净，剪碎。
2. 粟米洗干净。
3. 猪肝洗干净，放入热水中稍烫一下（飞水）后冲洗干净，切薄片，下油、盐、胡椒粉各少许调味。
4. 米洗干净。
5. 煲滚 10 杯水，放入鲜腐竹、米、粟米粒（玉蜀黍），煲滚后改慢火煲 2 小时。
6. 下猪肝和生姜丝，滚片刻，下盐调味即成。

营养功效

猪肝中的维生素 B_{12} 是治疗产后贫血的良药。粟米可以使产妇虚寒的体质得到调养，帮助新妈妈恢复体力。粟米有滋阴养血的功能，还可减轻皱纹、色斑、色素沉着的功效。

专家点评

腐竹：腐竹可荤、素、烧、炒、凉拌、汤食等，食之清香爽口，荤、素食别有风味。腐竹须用凉水泡发，可使腐竹整洁雅观，如用热水泡，则腐竹易碎。

粟米：粟米可蒸饭、煮粥、磨成粉后可单独或与其他面粉掺和制作饼、窝头、丝糕、发糕等，糯性小米也可酿酒、酿醋、制糖等。

小提示

选择新鲜的粟米粒（即玉蜀黍），确保味道更好。黄粟米的味道虽不及白粟米和双色粟米，但维生素 A 的含量比后二者高。

核桃仁拌芹菜：生津益胃

推荐容器：铁锅

材料：芹菜300克，核桃仁50克，精盐、味精、香油各适量。

做法：

1 芹菜洗净，切成段，焯水捞出。

2 焯后的芹菜用凉水冲一下，沥干水分，放盘中，加精盐、味精、香油。

3 将核桃仁用热水浸泡后，去掉表皮，再用开水泡5分钟取出，放在芹菜上，吃时拌匀。

营养功效

生津益胃。

小提示

剥核桃皮时先把核桃放在蒸屉内蒸上三五分钟，取出即放入冷水中浸泡3分钟，捞出来用锤子在核桃四周轻轻敲打，破壳后就能取出完整核桃仁。

板栗花生汤：补脾益气

推荐容器：不锈钢锅

材料：板栗300克，花生、火腿、西蓝花、大白菜叶、胡萝卜、牛奶、精盐各适量。

做法：

1 火腿切块；板栗控水；花生洗净，煮熟后去皮。

2 西蓝花洗净切朵；大白菜叶洗净撕块，火腿切片；胡萝卜洗净，去皮切段，放入打汁机内，加入水搅打成汁。

3 汤锅中加水，倒入胡萝卜汁、牛奶搅匀煮沸，下其他原料，加盐煮沸后，续煮10分钟即可。

营养功效

益气补脾、健胃厚肠。

小提示

新鲜栗子容易变质霉烂，吃了发霉栗子会中毒。

产后第2周

第1节 新妈妈的身体变化

乳房

作为宝宝的“粮袋”，做好乳房的保健是非常重要的。首先要做的是保持乳房的清洁。新妈妈必须经常清洁乳房，每次喂奶之前，都要把乳房擦洗干净。

子宫

扩张的子宫颈部慢慢恢复正常，开始闭合。产后2～3天胎盘和胎膜已经脱落的子宫颈部开始生长黏膜，大约1周的时间，黏膜完全再生。子宫内的输卵管及卵巢在分娩后充血，子宫功能开始恢复正常。

胃肠

产后第2周，胃肠已经慢慢适应产后的状况了，但是对于非常油腻的食物多少还有些消化不良，不妨荤素搭配着吃，慢慢把胃养强壮。

恶露

这一周的恶露明显减少，颜色也由暗红色变成了浅红色，有点儿血腥味，但不臭，新妈妈要留心观察恶露的质和量、颜色及气味的变化，以便掌握子宫恢复的情况。

排泄

便秘的困扰少了许多，比较生产前的状况还没有什么规律可循，最好重新建立排便规律，养成定时排便的习惯。

伤口及疼痛

生育时为帮助生产而做了侧切的女性，要注意，产后的伤口在这一周内还会隐隐作痛，下床走动时、移动身体时都有撕裂的感觉，但是力度没有第一周时强烈，还是可以承受的。

心理

新妈妈们回到家里后心里感觉无比亲切和温暖，熟悉的氛围和环境会使心情莫名地激动，看台婴儿床里熟睡的宝宝，满足感无以形容。对于乖巧可爱的宝宝，以及家人的精心呵护总是心生欣喜。

第2节 本周必吃的滋补食物

红豆

产后的新妈妈总是觉得自己的身体有点儿虚胖，红小豆就可以帮助新妈妈消除肿胀感，排出身体里多余的水分，会使身体更轻松，也会让心情变得更舒畅，像是甩掉了身上一个大水袋。

芝麻

芝麻性味、甘平，具有滋养肝肾、养血的作用。芝麻中含有丰富的不饱和脂肪酸，非常有利于宝宝大脑的发育。产后的新妈妈多吃些芝麻，通过乳汁可以使宝宝吸收到更多的营养成分。

猪蹄

猪蹄中含有丰富的骨胶原蛋白质，对皮肤具有特殊的营养作用，可促进皮肤细胞吸收和贮存水分，防止皮肤干裂起皱，使皮肤细润饱满、平整光滑。

鸭肉

鸭肉性平和而不热，脂肪高而不腻，它富含蛋白质、脂肪、铁、钾等多种营养素，有清热凉血的功效。

银耳

银耳具有强精补肾、润肠益胃、补气强心的功效。银耳富有天然特性胶质，加上它的滋阴作用，还有祛除脸部黄褐斑、雀斑的功效。银耳还是富含膳食纤维的减肥食品，它的膳食纤维可助胃肠蠕动，减少脂肪吸收，对于产后有便秘情况的新妈妈会有一定的帮助作用。新妈妈及时排空大便，对于宝宝的喂养也相对的安全和有保障。

核桃

核桃是世界四大干果之一，具有丰富的营养，含有各种营养素及钠、镁、锰、钢、硒等多种矿物质，有健脑益智、延年益寿之功，属高级滋补品。核桃仁含有大量维生素E和亚麻油酸，有润肌肤，乌发的作用。气感到疲劳时，嚼些核桃仁，有缓解疲劳和压力的作用。

玉米

玉米中大量的膳食纤维可以加强肠胃蠕动，促使人体内废物的排泄，促进身体新陈代谢。它还富含谷氨酸等多种人体所需的氨基酸，可以帮助新妈妈增强体力和耐力，预防产后贫血。

第3节 产后第8～14天的炖补方案

哺乳妈妈这样补

回到家中的新妈妈在情绪上和身体上都会有明显的好转，熟悉的环境、温暖的氛围都会给新妈妈带来良好的感觉，新妈妈此时也已适应产后的生活规律，体力也在慢慢恢复。而且随着宝宝食量的增加觉得奶水分泌还不是很理想，催乳是当前最重要的事情。由于宝宝在6个月前每天需要约300毫克的钙，新妈妈的补钙问题也不容忽视。

1日食谱举例

早餐

牛奶1杯，鸡蛋1个，苹果1个。

午餐

白萝卜蛏子汤，清炒莜麦菜，米饭1碗。

午点

海带豆腐汤。

晚餐

木瓜排骨花生汤，鸭丝绿豆芽，米饭1碗。

晚点

肉末蒸蛋。

1. 给家人的护理建议

对于刚刚回到家中的新妈妈，应该给她营造一个舒适、安静、空气清新的环境。家里可增加一些绿色植物，也可以插摆一些干花，使得新妈妈回到家里有一种亲切感和归属感。

对于亲朋好友的探望也要征求一下新妈妈的意见，在不打扰宝宝休息、新妈妈调理的情况下，可以有选择地进行接待。

2. 传统与现代对碰

老人讲：蔬菜、水果水气大，月子期间应忌食。

专家说：蔬菜、水果如果不够，易导致便秘，医学上称为产褥期便秘症。蔬菜和水果富含维生素、矿物质和膳食纤维，可促进胃肠道功能的恢复，特别是可以预防便秘，帮助达到营养均衡的目的。正确的做法是从可进食正常餐开始，每天吃半个水果，数日后逐渐增加至1～2个水果。蔬菜开始每餐食用50克左右，逐渐增加至每餐200克左右。

红枣猪脚花生汤：补气养血

推荐容器：铁锅

材料：猪脚1只，花生250克，黄芪100克，米酒2瓶，红枣150克，当归20克。

做法：

1. 将猪脚切成块状，先以滚水，捞出后再浸泡于冷水中。
2. 花生浸泡于冷水中4小时，再入锅煮至略软。
3. 将猪脚、黄芪、红枣及花生同时放入炖锅中，并且加入米酒及水，盖过所有材料。
4. 炖至花生及猪脚熟烂，再加入当归焖煮5分钟即可。

营养功效

益气补血，促进身体恢复。红枣猪脚花生汤适合产妇产后催乳和补充蛋白质，手术者可加入苦茶油拌炒材料，但不加酒，再视伤口愈合情况考虑食用。

专家点评

红枣：好的红枣皮色紫红，颗粒大而均匀、果形短壮圆整，皱纹少，痕迹浅。皱纹多，痕迹深，果形凹瘪，则肉质差。

花生：将花生连红衣一起与红枣配合使用，既可补虚，又能止血，最宜于身体虚弱的新妈妈。花生以炖吃为最佳，这样既避免了营养素被破坏，又具有不温不火、口感潮润、入口好烂、易于消化的特点。

小提示

血压高的新妈妈不宜多食此汤。

花生红豆汤：补血消肿

推荐容器：高压锅

材料：红枣 10 颗，红豆 15 克，冰糖 5 克，葡萄干 10 克，花生米 15 克，银耳 5 克。

做法：

1. 银耳清水泡发，葡萄干、红豆、花生米、红枣洗净。
2. 所有原料放入高压锅中，加足量的清水，大火煮开，撇去浮沫，加盖小火煮 30 分钟即可。

营养功效

补气养血、消除水肿。

小提示

红枣的糖分很高，吃得多了会牙痛，一般每天吃 10 颗即可。需要提醒的是，红枣的表皮坚硬，极难消化，吃时一定要充分咀嚼，不然会影响消化。

鸭丝绿豆芽：清热去燥

推荐容器：铁锅

材料：烤鸭脯肉 200 克，绿豆芽 300 克，香油 25 克，盐、味精、醋、生姜末、花椒各适量。

做法：

1. 豆芽掐两头汆水，熟鸭肉与青、红椒切丝备用。
2. 炒锅内加油，放入生姜末炒出香味后放豆芽和鸭丝翻炒。
3. 最后放适量的盐、糖、胡椒粉，翻炒出锅装盘即可。

营养功效

活血化瘀、消肿止痛。

小提示

鸭肉忌与鸡蛋同食，否则会大伤人体中的元气。

海带豆腐汤：排毒补钙

推荐容器：砂锅

材料：豆腐1块，甜椒1个，海带50克。

做法：

1. 豆腐切小块；甜椒洗净、切片；生姜洗净，切丝；葱洗净、切末；海带洗净切条。
2. 把淡色酱油，冷水1/2杯放入碗中调均匀，过滤备用。
3. 锅中倒入肉清汤3杯煮开，放入豆腐、甜椒及海带，加入料酒1大匙和生姜丝煮滚，再加入第二步骤中调好的料煮开，熄火拌匀，最后放入1小匙白糖，再煮开，撒上葱花，即可盛入大汤碗中端上桌。

营养功效

豆腐中含有丰富的钙，新妈妈食用能预防宝宝缺钙。

小提示

吃海带后不要马上喝茶，也不要立刻吃酸涩的水果。因为海带中含有丰富的铁，以上两种食物都会阻碍体内铁的吸收。

白萝卜蛏子汤：增进食欲

推荐容器：砂锅

材料：蛏子500克，萝卜150克，料酒10克，盐4克，味精2克，大葱10克，生姜5克，白皮大蒜5克，胡椒粉2克，猪油15克。

做法：

❶将蛏子洗净，放入淡盐水中泡约2小时，下入沸水锅中略烫一下，捞出，取出蛏子肉。

❷把萝卜削去外皮，切成细丝，下入沸水锅中略烫去苦涩味，捞出，沥净水分；葱洗净切段；生姜洗净切片；蒜瓣切碎花。

❸净锅置火上，放入熟猪油烧热，下入葱段、生姜片煸锅，倒入鲜汤，加入料酒、精盐烧沸，放入蛏子肉、萝卜丝、味精再烧沸，拣去葱、生姜，盛入汤碗内，撒上蒜花、胡椒粉即成。

营养功效

新妈妈食欲不振时刻饮用此汤，并且蛏子中的钙含量高，对于需要补钙的新妈妈来说是首选。

专家点评

白萝卜：白萝卜搭配牛肉健脾消食；搭配鸡肉有利于营养素的消化吸收；搭配豆腐能够健脾养胃、下食除胀。

蛏子：蛏肉含丰富蛋白质、钙、铁、硒、维生素A等营养元素，滋味鲜美，营养价值高，具有补虚的功能。

小提示

蛏子性寒，煲汤时放些葱、生姜可调和食物的性味。

木瓜排骨花生汤：补充优蛋白

推荐容器：砂锅

材料：排骨 500 克，木瓜 1 个，花生仁 60 克，蜜枣 50 克，盐 3 克。

做法：

1. 木瓜去皮去核，洗净，切块。
2. 花生用清水浸 1 小时，取起。
3. 蜜枣洗净，排骨放入滚水中煮 5 分钟，取起。
4. 水 10 杯或适量放入煲内，花生也放入煲内煲滚，放入排骨，木瓜，蜜枣煲滚，慢火煲 3 小时，下盐调味。

营养功效

猪排骨提供人体生理活动必需的脂肪，优质蛋白质。尤其是丰富的钙质可维护骨骼健康生长。同时猪排骨具有滋阴润燥、益精补血的功效。

小提示

此汤适宜于气血不足，阴虚者，但肥胖、血脂较高者不宜多食。

陈皮红豆炆鲩鱼：帮助分泌乳汁

推荐容器：铁锅

材料：草鱼1条，红豆、黑豆各30克，胡萝卜3根，红枣10粒，陈皮、生姜、食盐、料酒各适量。

做法：

1. 红豆、黑豆用水浸泡5～6小时至表皮胀裂；红枣、陈皮用清水泡软。
2. 草鱼切块加入料酒和盐腌制10分钟左右。
3. 砂锅入半锅水，加入陈皮烧开，加入红豆、黑豆、生姜片小火煲制1小时左右，再加入胡萝卜块和红枣继续小火煲半小时左右。
4. 炒锅入油少撒点儿盐烧热，将腌好的鱼块中火煎至表皮金黄盛出。
5. 将鱼块入砂锅中继续小火煲半小时左右，入盐调味即可。

营养功效

畅通肠胃、催乳。

专家点评

陈皮：陈皮成分的多样性，对胃肠的作用也具有多样性，既能芳香健胃，又能舒解脾胃气滞。陈皮是治疗慢性胃炎、消化性溃疡的常用药，尤其对新妈妈胃不舒、食欲不振、闷胀、疼痛的症状更为适宜，起和胃理气、除胀解痛的功效。

红豆：红豆能促进新妈妈心脏血管的活化，利尿；有怕冷、低血压、容易疲倦等现象的人，常吃红豆可改善这些不适的现象。

小提示

红豆、黑豆必须用水浸泡胀发，否则很难煮熟。

清炒莜麦菜：宽肠通便

推荐容器：铁锅

材料：莜麦菜300克，红辣椒10克，生姜5克，大葱5克，香菜3克，酱油8克，生抽3克，色拉油15克。

做法：

1. 莜麦菜择洗干净，切成5厘米长的段。
2. 葱、生姜、红椒、青椒分别切丝，备用。
3. 锅中放油，爆香生姜葱丝，放入莜麦菜煸炒。
4. 烹入海鲜酱油、生抽调味。
5. 放入红椒丝、青椒丝略炒，撒上香菜末即可。

营养功效

补充维生素。

小提示

莜麦菜炒的时间不能过长，断生即可，否则会影响成菜脆嫩的口感和鲜艳的色泽。

肉末蒸蛋：补气血、益肺腑

推荐容器：不锈钢锅

材料：鸡蛋 3 个，猪肉 100 克，太白粉、酱油、精盐、味精、油各适量。

做法：

1 将鸡蛋打入碗内搅散，放入精盐、味精、清水搅匀，再将鸡蛋蒸熟。

2 选用三成肥、七成瘦的猪肉剁成末。

3 锅放炉火上，放入食油烧热，放入肉末，炒至松散出油时，加入葱末、酱油、味精及水，用太白粉用水调匀勾芡后，浇在蒸好的鸡蛋上面即成。

营养功效

鸡蛋及猪肉均有良好的养血生精、长肌壮体、补益脏腑之效，对于哺乳的新妈妈也有催乳作用。

小提示

肉馅最好不要选用太瘦的，肥、瘦肉馅的比例在 1 ∶ 3 或 1 ∶ 4 做出的肉末蒸蛋会比较好吃。

非哺乳妈妈这样补

新妈妈如果患有比较严重的慢性疾病，如有较重的“心脏病”“肾脏病”以及“糖尿病”等，都不太适合给宝宝进行哺乳。勉强坚持给宝宝进行母乳喂养，对妈妈与宝宝的健康都会有所影响。非哺乳妈妈的进补就要格外当心和注意，除了要增加全面的营养补充体力外，还可适当增加帮助新妈妈回乳的食物，以避免补得太过，容易引起内热。补充的热量也要相应低一些，以便于新妈妈产后身材的恢复。

1 日食谱举例

早餐

果酱面包 1 片，牛奶 1 杯，香蕉 1 个。

午餐

花椰菜炒蘑菇，天麻鱼头汤，米饭 1 碗。

午点

水果色拉。

晚餐

川七乌鸡汤，银牙金针，乌鱼面。

晚点

葛根粉。

1. 给家人的护理建议

如果新妈妈不能进行母乳喂养，家人一定要多体谅，多宽慰新妈妈，尽量不要让新妈妈有负疚感。人工喂养时多让新妈妈参与，不能一味地代替新妈妈，让新妈妈与宝宝尽快建立亲密的母子关系，让宝宝熟悉妈妈的味道。

2. 传统与现代对对碰

老人讲：红糖水要继续多喝。

专家说：新妈妈在分娩后元气大损，多吃一些红糖的确可以补养身体。红糖具有益气养血、健脾暖胃、驱散风寒、活血化瘀的功效，可以帮助新妈妈补充碳水化合物和补血，促进恶露排出，有利于子宫复位，但不可因红糖有如此多的益处，就认为吃得越多越好。红糖水喝得过多会增加恶露中的血量，造成继续失血，反而会引起贫血。新妈妈在产后喝红糖水的时间以 7 ~ 10 天为宜。过多饮用红糖水还会损坏新妈妈的牙齿。

黄芪枸杞母鸡汤：增强抵抗力

推荐容器：砂锅

材料：母鸡或柴鸡1只，黄芪20克，枸杞10克，生姜片15克，黄酒、白胡椒粉、盐各适量。

做法：

1. 母鸡清理干净，洗净沥干，剁成块。
2. 鸡块入锅中煮出浮沫。
3. 捞出鸡块，冲净沥干。
4. 黄芪、枸杞都冲洗一下，沥干水分。
5. 鸡块、生姜片、黄芪都放入砂锅中，倒入适量的清水。大火煮开后转小火，慢慢炖至鸡块软烂。
6. 倒入枸杞和适量的盐，关火。盖上盖子焖一小会儿，至枸杞胀大即可。

营养功效

益气补血、调理体虚。

专家点评

枸杞：枸杞富含胡萝卜素、玉蜀黍黄素、烟酸、维生素 B_1 、维生素 B_2 、维生素 C 、钙、磷、铁、亚油酸及多种氨基酸。可以滋补肝肾，益精明目；用于虚痨精亏、腰膝酸痛；眩晕耳鸣、内热消渴、血虚萎黄。

黄酒：黄酒酒精含量适中，味香浓郁，富含氨基酸等提味物质，人们都喜欢用黄酒作为作料，在烹制荤菜时，特别是羊肉、鲜鱼时加入少许，不仅可以去腥膻还能增加鲜美的风味。

小提示

喜欢山药的新妈妈可在此汤里加入山药，味道更鲜美。

红枣芹菜汤：散瘀血、安心神

推荐容器：不锈钢锅

材料：红枣 15 颗，芹菜 50 克，冰糖适量。

做法：

1. 将红枣、芹菜洗净，芹菜去叶，切段。
2. 将红枣、芹菜加水放入锅中，以小火炖煮。
3. 再放入冰糖调味即可。

营养功效

稳定情绪、散瘀血、养心安神。

小提示

芹菜性凉质滑，脾胃虚寒的新妈妈饮用此汤要注意用量和次数，以免影响肠胃。

归芪乌鸡汤：活血养血、滋阴补气

推荐容器：砂锅

材料：乌鸡半只，当归 10 克，黄芪 10 克，枸杞、红枣、葱、生姜、料酒、盐各适量。

做法：

1. 乌鸡洗净，剁块。
2. 红枣和枸杞分别用温水洗净，红枣掰开即可。
3. 当归和黄芪用清水洗净后用纱布包扎。
4. 将乌鸡放入砂锅内，加清水、葱、生姜、料酒和中药包，大火煮开后撇去浮沫，放红枣。
5. 小火煮 2 小时左右，放枸杞再煮 10 分钟，最后加盐调味即可。

营养功效

养血乌发、调理气血。

小提示

炖乌鸡汤不宜放太多盐，否则会影响鲜味。

鸭血粉丝汤：补血，改善产后体弱

推荐容器：砂锅

材料：鸭血 200 克，粉丝 50 克，豆腐泡 4 粒，香菜碎 10 克，鸭肠 50 克，香葱花、生姜丝、盐、白胡椒粉、白醋各适量。

做法：

1. 鸭血和鸭肠用清水反复冲洗后，鸭血切成方丁，鸭肠切成长节。
2. 鸭肠放入沸水中汆汤后捞出。粉丝用温水烫软备用。
3. 煮锅中加入适量的凉水，大火煮开后，放入切好的鸭肠和生姜丝，再次煮滚后加入泡软的粉丝、豆腐泡和切好的鸭血丁，调入盐，继续煮约 2 分钟关火。
4. 将煮好的鸭血汤盛到汤碗里，撒上香菜碎和香葱花，加入白胡椒粉和白醋，吃时拌匀即可。

营养功效

鸭血易于消化，具有滋补益气、祛风解毒的功能，对病后体弱、血虚闭经、头晕神疲有很好的补益治疗作用。

专家点评

鸭血：鸽肉有延缓细胞代谢的特殊物质，对于新妈妈防止细胞衰老，延长青春有一定作用。常吃鸽肉能治疗神经衰弱，增强记忆力。

粉丝：山药切片后需立即浸泡在盐水中，以防止氧化发黑。新鲜山药切开时会有黏液，极易滑刀伤手，可以先用清水加少许醋洗，这样可减少黏液。

小提示

鸭血烹调时应配有葱、生姜、辣椒等作料用以去味，另外也不宜单独烹饪。

川七乌鸡汤：散瘀血、排恶露

推荐容器：砂锅

材料：乌鸡 1 只，红枣 10 颗，陈皮 8 克，川七 15 克，盐适量。

做法：

1. 将乌鸡洗净，切块。
2. 将乌鸡块、红枣、陈皮一起放入砂锅中，加水炖煮。
3. 炖好后加入适量盐即可。

营养功效

止血散瘀，帮助排出恶露。

小提示

可在汤中加入适量的生姜片提味儿。

培根奶油蘑菇汤：帮助排出恶露

推荐容器：不锈钢锅

材料：蘑菇 200 克，培根 50 克，紫菜 20 克，黄油、牛奶、面粉各适量。

做法：

1. 将蘑菇切成片，培根切成条，再将蘑菇片和牛奶一起放入粉碎机内打碎。
2. 坐锅点火倒少许油，把培根放入煎一下，捞出控油。
3. 把黄油化开，加少许面粉炒出香味，再将打好的蘑菇汤倒入锅中，加鸡精、盐，烧开后出锅，在汤上放入紫菜、培根即可食用。

营养功效

增强抗病能力，帮助排出恶露。

小提示

喜欢口味重一点儿的可以加入一点儿黑胡椒粉。

牛肉番茄汤：增强造血功能

推荐容器：铁锅

材料：牛肉200克，番茄2个，牛奶200毫升，圆白菜100克，土豆1个，黄油适量。

1. 将牛肉洗净切块，加热，去掉血沫子。
2. 番茄洗干净，整个儿放进去烫一下，拿出来，剥皮。
3. 放入牛奶、黄油，烧开后换小火煮20分钟。
4. 将土豆去皮切块，放入锅中。
5. 把番茄整个放进锅，用大勺子把番茄和土豆全部捣碎，放番茄酱。
6. 继续大火加热5～10分钟，适度加盐，出锅。

营养功效

补脾补气，增强机体造血功能。

专家点评

牛奶：牛奶中含有丰富的钙、维生素D等，包括人体生长发育所需的全部氨基酸，消化率可高达98%，是其他食物无法比拟的。牛奶中的钙还能增强骨骼和牙齿，减少骨骼萎缩病的发生。牛奶中含有大量的维生素B_2，新妈妈多喝可促进皮肤的新陈代谢。

土豆：土豆是一种碱性蔬菜，有利于体内酸碱平衡，中和体内代谢后产生的酸性物质，因此有一定的美容、抗衰老作用。新妈妈多食土豆还能有助于减肥瘦身。

小提示

番茄、番茄酱的顺序很重要，放早了土豆会变得脆、硬；开水、牛肉和牛奶的放置时间和顺序可以调整，最终结果以炖出一锅浓浓的汤为佳，鼓励各种尝试。

花椰菜炒蘑菇：增强免疫力

推荐容器：铁锅

材料：花椰菜 200 克，蘑菇 100 克，料酒、葱、生姜、糖、胡椒粉、鸡精各适量。

做法：

1. 花菜洗净切块，放开水焯一下。
2. 腊肉洗净切片，油热，放下生姜，腊肉煸炒，放料酒，炒至转色。
3. 放下花菜与蘑菇煸炒。
4. 再放入盐、糖、胡椒粉、剁椒、葱、鸡精，煸匀即可。

营养功效

蘑菇的有效成分可增强 T 淋巴细胞功能，从而提高机体抵御各种疾病的免疫力。

小提示

可放适量生抽提味儿。

核桃枸杞紫米粥：补虚抗疲劳

推荐容器：电饭煲

材料：核桃仁 60 克，枸杞 10 克，紫米 30 克。

做法：

1. 将核桃仁、枸杞和紫米洗净，紫米泡半个小时。
2. 将其放入电饭煲内再加入适量的水煮 1 小时即可。

营养功效

补气壮气，抗疲劳。

小提示

核桃仁除了煮粥之外，可生吃、炒食、蜜炙、油炸等。

天麻鱼头汤：缓解身体疼痛

推荐容器：不锈钢锅

材料：天麻 20 克，鱼头 1 个，云腿 100 克，生姜片、油、酒、盐各适量。

做法：

1. 将鱼头除去鱼鳃洗净并切为两边，天麻沥干水备用。
2. 热锅，加入油，爆香生姜片，放少许酒，倒入鱼头，煎去鱼腥味，取出放在吸油纸上，吸去多余油分待用。
3. 再将鱼头放入盆中，加入天麻和云腿，隔水炖至水沸时，改用中至慢火，炖两至三小时，再放入适量的盐即可。

营养功效

镇痛，缓解神经疲劳。

专家点评

天麻：天麻有镇痛作用，对于新妈妈产后体痛有帮助。天麻的镇静作用还有助于帮助新妈妈提高睡眠质量。

鱼头：鱼头肉质细嫩、营养丰富，它还含有鱼肉中所缺乏的卵磷脂，该物质被机体代谢后能分解出胆碱，最后合成乙酰胆碱，可增强记忆、思维和分析能力，新妈妈多吃能健脑补脑，延缓脑力衰退。

小提示

天麻虽有镇痛好处，但因新妈妈刚生产不久，体质较虚，不宜多食用。

银芽金针：促进新陈代谢

推荐容器：铁锅

材料：金针菇 200 克，绿豆芽 150 克，香葱 20 克，蚝油、食用油、生姜各适量。

做法：

1. 生姜削去外皮，切成细丝；香葱洗净，切成 5 厘米长的小段；绿豆芽用流动水冲洗干净；金针菇用流动水冲洗干净，切去根部，再用手掰成小丛待用。
2. 中火烧热锅中的油，待烧至六成热时，将生姜丝放入爆香，再放入金针菇和绿豆芽，用中火翻炒约 3 分钟。
3. 将香葱段放入锅中，继续翻炒约 1 分钟。
4. 将炒好的金针菇盛入盘中，再淋入蚝油即可。

营养功效

帮助新妈妈恢复元气，促进新陈代谢。

小提示

金针菇与绿豆芽的质地都比较细嫩，烹调时不宜久炒，只要稍稍炒至变软就可以了。应选择白色的、新鲜的金针菇来制作这道菜肴。

鱿鱼面：安定情绪、补肾益气

推荐容器：铁锅

材料：鱿鱼1条，面条50克，生姜、蒜、香油、米酒、盐各适量。

做法：

1. 将鱿鱼洗净，切成条；生姜切丝；蒜切片。
2. 将香油倒入锅中烧热，爆香生姜丝，再将鱿鱼放进去煎炸。
3. 再加入水、米酒、食盐煮开后放入蒜片。
4. 将面条煮熟，再将煮好的鱿鱼汤淋在面条上。

营养功效

补肾益气，促进血液循环，安定情绪。

小提示

鱿鱼味道鲜美，非常有营养，吃乌鱼还有给伤口消炎的作用。

产后第3周

第 1 节 新妈妈的身体变化

乳房

产后第 3 周，乳房开始变得比较饱满，肿胀感也在减退，清淡的乳汁渐渐浓稠起来，每天哺喂宝宝的次数增多，偶尔会有泥乳的现象产生，新妈妈要及时更换乳垫，不要等乳垫硬了再换，内衣也一样，不要让硬的东西刺激乳头。

子宫

产后第 3 周，子宫基本收缩完成，已回复到骨盆内的位置，最重要的是子宫内的污血快完全排出了，子宫将成为真空状态，此时雌激素的分泌将会特别活跃，子宫的功能变得比怀孕前更好。

胃肠

随着宝宝食量的增加，新妈妈的食欲回复到从前，饿的感觉时常出现。通过产后前两周的调整和进补，胃肠已适应了少食多餐，汤水为上的饮食，现在妈妈吃什么宝宝就会吸收什么。

恶露

产后第 3 周是白色恶露期，此时的恶露已不再含有血液，而含有大量的白细胞、退化蜕膜、表皮细胞和细菌，使恶露变得黏稠而色泽较白。新妈妈不要误认为恶露已尽，就不注意会阴的清洗和保护，白色恶露还会持续 1 ~ 2 周的时间。

排泄

随着食欲的增加，明显比前两周吃得多，但是为了催乳而喝下的比较油腻的汤，会使新妈妈有轻微的腹泻。此时，每餐可适量减少一点儿催乳汤的摄入量，增加些淀粉类食物。

伤口及疼痛

会阴侧切的伤口已没有明显的疼痛，但是剖腹产妈妈的伤口内部会出现时有时无的疼痛，只要不持续疼痛，没有分泌物从伤口处溢出，大概再过两周就可以完全恢复正常了。

心理

度过了产后抑郁和焦虑而导致的失眠时期，新妈妈已经“疯狂”地爱上了那个每天与她朝夕相处的宝宝，他的一举一动都牵动着新妈妈的心，总也看不够，偶尔也会想想他将来长大的样子。

第 2 节 本周必吃的补气养血食物

乌鸡

与一般鸡肉相比，乌鸡有10种氨基酸，其蛋白质、维生素 B_2，维生素E、磷、铁、钾、钠的含量更高，而胆固醇和脂肪含量则很低，乌鸡是补气虚、养身体的上好佳品。食用乌鸡对于产后贫血的新妈妈有明显功效。

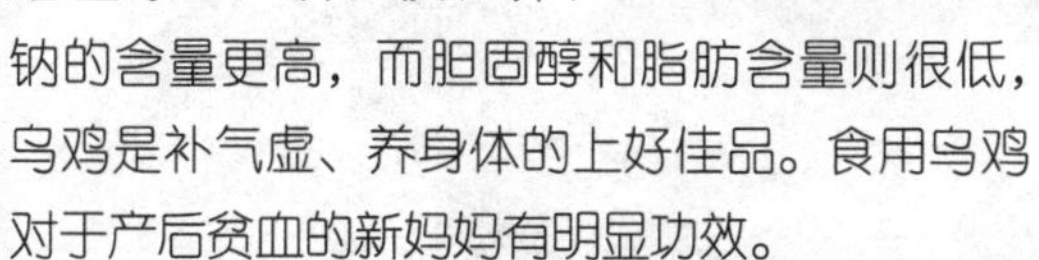

虾

虾营养丰富，且其肉质松软，易消化，对身体虚弱以及产后需要调养的新妈妈是极好的食物。虾的通乳作用较强，并且富含磷、钙，对产后乳汁分泌较少、胃口较差的新妈妈很有补益功效。

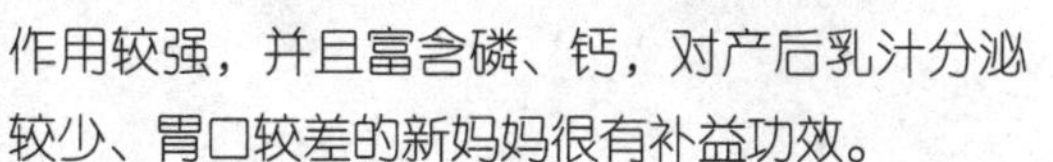

牛肉

牛肉蛋白质含量高，而脂肪含量低，味道鲜美，受人喜爱。牛肉有补中益气、滋养脾胃、强健筋骨的功效，适宜于产后气短体虚，筋骨酸软的新妈妈食用。

山药

山药性平微温、味甘，含有氨基酸、胆碱、维生素 B_2、维生素 C 及钙、磷、铜、铁等。山药有益气补脾、帮助消化、缓泻祛痰等作用，所以可作为滋补及食疗佳品。

板栗

栗子味甘性温，含有脂肪、钙、磷、铁和多种维生素，特别是 B 族维生素、维生素 C 和胡萝卜素的含量高于一般干果。栗子有补肾的功效，对于产后肾虚腰痛、四肢疼痛的新妈妈能起到很好的作用。

红枣

红枣是一种营养佳品，被誉为“百果之王”。红枣含有丰富的维生素 A、B 族维生素、维生素 C 等人体必需的维生素和氨基酸、矿物质。红枣具有益气养肾、补血养颜、补肝降压、安神、治虚劳损之功效。红枣中还含有与人参中的皂苷类同的物质，其有增强人体耐力和抗疲劳作用。产后气血两亏的新妈妈，坚持用枣煲汤，能够补血安神。

菠菜

菠菜含有丰富的维生素 C、胡萝卜素，蛋白质，以及铁、钙、磷等矿物质，可补血止血，利五脏，通血脉，止渴润肠，滋阴平肝，助消化。

香蕉

香蕉的糖分可迅速转化为葡萄糖，立刻被人体吸收，是一种快速的能量来源。香蕉内含丰富的可溶性纤维，也就是果胶，可帮助消化，调整肠胃机能。

第3节 产后第15～21天的炖补方案

哺乳妈妈这样补

宝宝的体重和身长都在增长，那是妈妈辛勤哺育的结果。产后第3周，新妈妈身上的不适感在减轻，比起前2周无论从身体卜还是精神上都会很轻松。全部的心思都放在喂养宝宝上，促进乳汁分泌还是重中之重。还要避免产后贫血的发生。下奶的乌鸡汤、猪蹄汤，补血的红枣栗子粥等要常吃。为了宝宝的健康成长，新妈妈尽量要做到不挑食。

1日食谱举例

早餐

麦芽粥，葱油饼。

午餐

素香茄子，花生猪脚汤，米饭1碗。

午点

桂圆当归鸡蛋汤。

晚餐

土豆南瓜炖鸡肉，明虾炖豆腐，猪肝炒饭。

晚点

淡菜山药滋补汤。

1. 给家人的护理建议

准备一个柔软而舒服的大靠垫。在这一阶段新妈妈喂奶时间在延长，坐的时间比较多，细心的家人应该给新妈妈准备一个柔软而舒服的大靠垫，避免因久坐而造成的腰酸背痛。

2. 传统与现代对对碰

老人讲：用火腿煲汤又快又有营养。很多地方，都有给刚生完小孩的产妇送火腿的习惯，这是老祖宗留下来的一种习俗。

专家说：火腿本身是腌制食品，含有大量亚硝酸盐类物质。亚硝酸盐摄入过多，人体不能代谢，蓄积在体内，会对健康产生危害。新妈妈多吃火腿，火腿里的亚硝酸盐就会进入到乳汁里，并进入宝宝体内，给宝宝的健康带来潜在的危害。所以，新妈妈不宜多吃火腿。

姜枣乌鸡汤：提升免疫力

推荐容器：砂锅

材料：乌鸡 1 只，生姜 20 克，红枣 20 克，枸杞子 10 克。

做法：

1. 将乌鸡宰杀，煺净毛，开膛，去内脏，洗净；将红枣、枸杞子洗净；生姜洗净去皮，拍破。
2. 将红枣、枸杞子、生姜纳入乌鸡腹中，放入炖盅内，加水适量，武火煮开，改用小火炖至乌鸡肉熟烂。
3. 汤成后，加入适量精盐调味即用。

营养功效

枸杞具补精气、坚筋骨、滋肝肾、抗衰老之效，经常食用可强身健体。适合产后贫血、体质虚弱者食用。

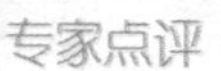

专家点评

乌鸡：乌鸡入肾经，具有温中益气、补肾填精、养血乌发、滋润肌肤的作用。凡虚劳羸瘦、面瘦、面色无华、水肿消渴、产后血虚乳少者，可将之作为食疗滋补之品。

生姜：生姜味清辣，只将食物的异味挥散，而不将食品混成辣味，宜作为荤腥菜的矫味品，亦用于糕饼糖果制作，如姜饼、姜糖等。

小提示

乌鸡汤比较清甜，调味时可放点儿食盐以增强口味。

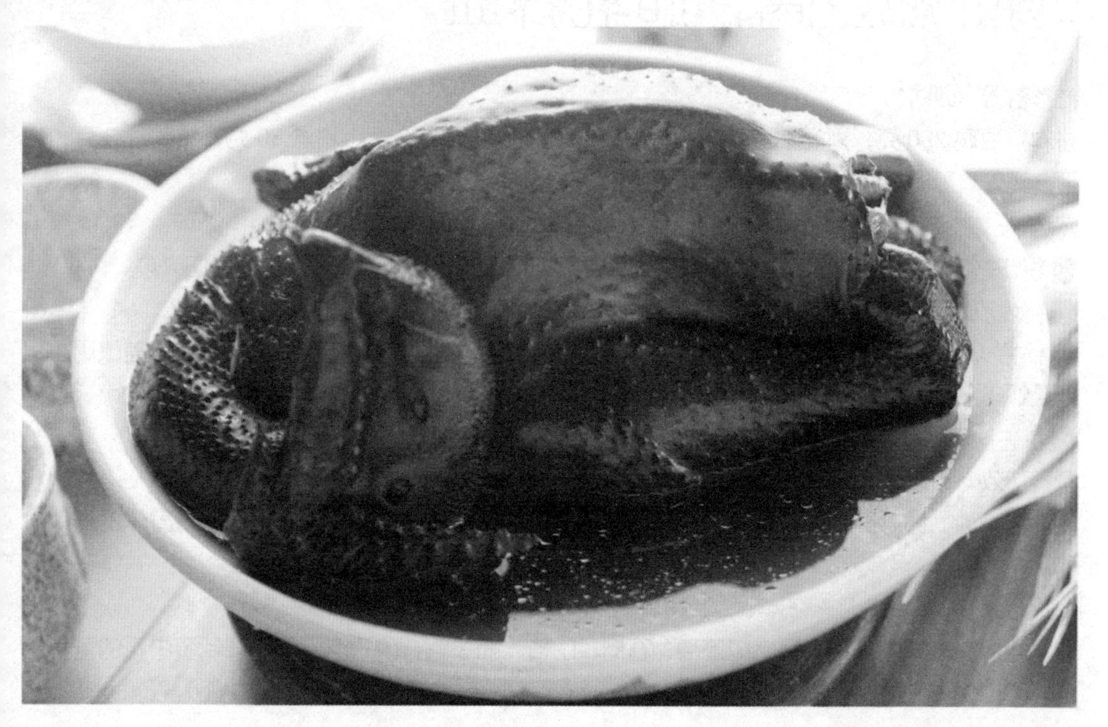

明虾炖豆腐：通乳养血

推荐容器：砂锅

材料：豆腐250克，河虾200克，盐8克，味精3克，胡椒2克，料酒30克，生姜片3克，大葱5克，青葱10克。

做法：

1. 将虾去须除杂，用清水洗净，切成两段；豆腐切成长条状；葱去根须，洗净后切成粒。
2. 锅内放水置火上烧沸，将虾段和豆腐条放入焯一下。
3. 锅置火上，放入鲜汤、虾段、豆腐条、料酒、葱段和生姜片，烧沸后撇去浮沫，加盖改用小火炖至虾肉熟透。
4. 拣去葱和生姜，撒入精盐、味精、胡椒粉和香葱（青葱）粒即成。

营养功效

明虾含有磷、钙等矿物质，其肉质松软，容易消化，是身体虚弱的新妈妈产后补养身体的有效食物。

小提示

虾忌与含有鞣酸的水果同食，如葡萄、石榴、山楂、柿子等，因为这不仅会降低蛋白质的营养价值，而且会导致肠胃不适。

桃仁莲藕汤：养血补血

推荐容器：砂锅

材料：桃仁 10 克，莲藕 250 克。

做法：

1. 莲藕洗净切片；桃仁去皮尖打碎。
2. 将打碎的桃仁、莲藕放锅内，加入适量的清水共煮汤。
3. 酌加适量红糖或食盐调味即可。

营养功效

莲藕含丰富的铁质，因此对贫血之人颇为相宜。适用于妇女产后血瘀发热。

小提示

桃仁与莲藕皆为活血祛瘀之药，作用均甚广泛，往往配合应用，唯桃仁善治肺痈肠痈，且有润肠通便之效；莲藕则善于活血调经。

土豆南瓜炖鸡肉：补充蛋白质

推荐容器：铁锅

材料：鸡肉 400 克，南瓜 200 克，土豆 150 克，酱油、葱末、生姜、蒜、糖、生粉、食盐、油各适量。

做法：

1. 土豆加少量的生粉和盐腌制；南瓜切块；土豆切块。
2. 葱、生姜蒜用油爆香，鸡肉下锅炒一会儿。
3. 土豆南瓜下锅，加入盐、糖、酱油，焖一会儿起锅即可。

营养功效

低热量、高蛋白，增强免疫力。

专家点评

南瓜：南瓜中含有丰富的铁、钴元素，因此具有较强的补血作用。由于南瓜中含有大量的维生素，其含量远远超过了绿色蔬菜，因此，被人们称为“最佳美容食品”。新妈妈适宜多吃南瓜。

酱油：酱油俗称豉油，主要由大豆、淀粉、小麦、食盐经过制油、发酵等程序酿制而成的。酱油能增加和改善菜肴的口味，还能增添或改变菜肴的色泽。

小提示

把南瓜制成南瓜粉，长期服用能够增强免疫力。

茭白鲫鱼汤：催乳

推荐容器：砂锅

材料：鲫鱼1条，茭白200克，番茄1个，木耳50克，油、葱、生姜、料酒各适量。

做法：

1 将鲫鱼洗净改一字花刀。

2 锅中加凉油滑锅，放入鲫鱼煎至两面金黄，下葱、生姜略炒烹，倒入料酒和水，大火烧开。

3 茭白去皮切块，番茄切块，木耳洗净一起放入鱼汤中煮至熟烂汤浓，炖制20分钟即可出锅。

营养功效

嫩茭白的有机氮素以氨基酸状态存在，并能提供硫元素，味道鲜美，营养价值较高，容易为人体所吸收。

小提示

茭白以肉质肥大、新鲜柔嫩、肉色洁白、带甜味者为好。

猪肝炒饭：促进乳汁分泌

推荐容器：铁锅

材料：猪肝150克，米饭1碗，油、生姜、料酒、盐、胡椒粉各适量。

做法：

1 将猪肝洗净切片；姜切丝。

2 起油锅，爆香生姜丝，放入猪肝，再加入料酒、食盐、胡椒粉略炒。

3 将蒸好的黑豆和米饭放入锅内炒匀即可。

营养功效

提升人体造血功能，帮助分泌乳汁。

小提示

为增加口感和营养，也可以加入黑豆一起食用。

三菇烩丝瓜：消炎，促进伤口恢复

推荐容器：铁锅

材料：丝瓜150克，鸡腿菇、香菇、草菇各100克，蒜、葱末、盐、味精、胡椒粉、香油、白糖各适量。

做法：

1. 将丝瓜去皮切块，加少许盐腌制片刻，再过油翻炒，加入适量清水略煮捞出备用。
2. 坐锅点火倒油，下蒜片、葱末爆香，加入鸡腿菇、香菇、草菇翻炒，将丝瓜放入，烩几分钟，加入盐、白糖、胡椒粉、水淀粉勾芡，淋香油出锅即可。

营养功效

增强免疫力、消炎祛斑。

专家点评

鸡腿菇：鸡腿菇集营养、保健、食疗于一身，具有高蛋白、低脂肪的优良特性。且色、香、味形俱佳。菇体洁白，美观，肉质细腻。炒食、炖食、煲汤均久煮不烂，口感滑嫩，清香味美。

香菇：香菇的干制品通常比新鲜的疗效更好，所以做食疗时选择干燥香菇为适宜。若食用新鲜香菇，晒一下效果会更好。

小提示

丝瓜汁、药用酒精、蜂蜜混合擦拭皮肤，可使皮肤光润而富于弹性。

花生猪蹄汤：补血通乳

推荐容器：砂锅

材料：猪蹄2只，花生100克，油、香葱、生姜块、料酒、盐和鸡精各适量。

做法：

1. 先把猪蹄洗净，用刀剁成几大块放入容器，添些料酒去腥。
2. 把香葱打个节，生姜块用刀拍扁。
3. 放入油热锅后，把猪蹄块、葱节、生姜块放进砂锅炒几下，然后加水。
4. 开大火直到沸腾，然后改小火，再根据口味放盐继续炖大约1小时。
5. 看到猪蹄骨肉分离，放进花生，加鸡精调味，关火，往汤里滴几滴香油。

营养功效

猪蹄搭配花生能够补血通乳，润滑肌肤，对预防皮肤干燥、皱纹、衰老大有益处。

小提示

去壳花生和花生粉在温湿条件下易被黄曲霉污染而变质。黄曲霉素是一种较强的致肝癌物质，因此不可食用霉烂花生。

淡菜山药滋补汤：健脾养体

推荐容器：铁锅

材料：淡菜 50 克，山药 150 克，豆腐 100 克，枸杞 10 克，鸡精、生姜、大葱、高汤、黄酒、白醋、白糖、油各适量。

做法：

1. 淡菜干用清水加些黄酒浸泡软发状，时间要 2 小时左右。
2. 将淡菜冲洗干净，注意用力适当，否则淡菜有些脆易断裂。
3. 豆腐切块，葱切片，生姜切丝；山药去皮切条，入淡醋水浸泡防止变黑。
4. 锅入油烧热，爆香葱生姜，加入淡菜稍炒一会儿，再入加高汤、黄酒、白醋、糖大火煮开，下入豆腐、山药条用中小火煮 20 分钟左右。
5. 最后加入洗净的枸杞煮 5 分钟左右，加鸡精调匀即可。

营养功效

补充矿物质、健脾益胃。

小提示

山药可鲜炒，或晒干煎汤、煮粥。去皮食用，以免产生麻、刺等异常口感。淡菜冲洗时要注意用力适当，否则会断裂。

非哺乳妈妈这样补

产后不能给宝宝进行母乳喂养的新妈妈不要有心理负担，人工喂养的宝宝也一样会健健康康的。同时非哺乳妈妈忙于回乳的同时，也要适当进补，毕竟经过那么漫长的产程，身体的恢复也不是一蹴而就的事情。选择低脂、低热量，但是滋补功能强的食物作为有益的补充，也是必要的。

1 日食谱举例

早餐

杏仁麦芽粥，鸡蛋 1 个。

午餐

西蓝花炒牛柳，荸荠豆腐紫菜汤，米饭 1 碗。

午点

花生红小豆汤。

晚餐

牛肉炒西蓝花，乌鸡栗子枸杞汤，白菜鸡蛋面。

晚点

山药南瓜汤。

1. 给家人的护理建议

为了帮助非哺乳妈妈进行回乳，这期间需要多吃一些麦芽粥之类的食物。麦芽有行气消食、健脾开胃、退乳消胀的功效。适宜于食积不消、脾虚食少、乳汁淤积、乳房胀痛、断乳的新妈妈食用。麦芽粥里可以增加些丰富有营养的食材，比如杏仁、核桃、牛奶等，让回乳食谱也多样化，促进新妈妈的食欲，帮助身体复原。

2. 传统与现代对碰

老人讲：月子里不能洗澡。

专家说：非哺乳妈妈如果伤口恢复得好，可以在这 1 周内洗澡。产后洗澡应做到“冬防寒，夏防暑，春秋防风”。冬天沐浴，必须密室避风，浴室宜暖，洗澡水不能过热，避免洗澡时大汗淋漓，汗出太多易致头昏、胸闷、恶心等。夏天浴室要空气流通，洗浴水保持 37℃左右，不可贪凉用冷水，图一时之欢而后患无穷。家人要帮助新妈妈看守门窗，协助控制洗澡时间，要及时清理浴室，不让潮气过分地集中在浴室里。

麦芽粥：缓解乳房胀痛

推荐容器：电饭煲

材料：粳米50克，生麦芽、炒麦芽各60克，红糖适量。

做法：

1. 将麦芽放入锅内，加适量的清水煎煮，去渣。
2. 锅置火上，放入麦芽汁、粳米煮粥，等粥熟时，加入红糖即可。

营养功效

缓解奶多奶胀，且有回乳作用。

小提示

生麦芽、炒麦芽混合用于回乳效果最佳。一般用量应一致。

山药南瓜汤：补肾养胃

推荐容器：不锈钢锅

材料：山药200克，南瓜200克，红枣15颗，红糖适量。

做法：

1. 戴上手套把山药削皮，放到清水里浸泡一下，洗干净，切块；南瓜削皮切块；红枣去核或者捏破皮也可以。
2. 把以上材料放到锅里，一次加足冷水，煮熟。加红糖，再次煮开即可。

营养功效

补肾养血，驱寒。

小提示

南瓜搭配辣椒会破坏维生素C；搭配羊肉则引发腹胀、便秘。

猪蹄通草汤：活血通乳

推荐容器：砂锅

材料：猪蹄2只，通草6克，白芷、当归各5克，葱白适量。

做法：

1. 猪蹄洗净去毛，冷水下锅焯出血水。
2. 过冷水洗净，沥干备用。
3. 所有药材洗净，沥干水备用。
4. 把药材连同猪蹄放入煮好的开水中，电饭煲用煲汤模式煲两个小时左右。
5. 食用时加盐即可。

营养功效

猪蹄含有丰富的蛋白质、脂肪，有较强的补血、活血作用；通草有利水、通乳汁的功能。

专家点评

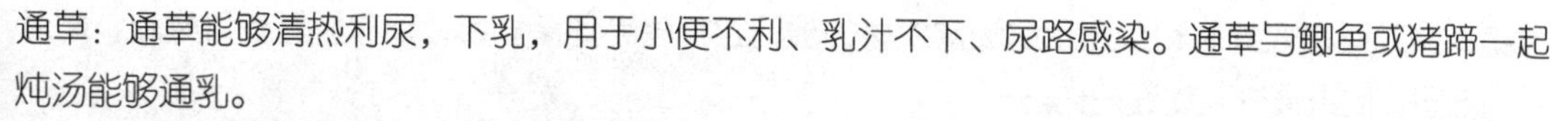

通草：通草能够清热利尿，下乳，用于小便不利、乳汁不下、尿路感染。通草与鲫鱼或猪蹄一起炖汤能够通乳。

白芷：白芷辛散温通，对于疮疡初起，红肿热痛者，可收散结消肿止痛之功。对产后身体恢复有利。

小提示

这个汤有点儿肥腻，喝的时候可以捞掉一些油。

苋菜豆腐鸡蛋汤：增强造血功能

推荐容器：铁锅

材料：嫩豆腐半盒，苋菜 30 克，鸡蛋 1 个，大蒜适量。

做法：

1. 锅中放少许油，油热后放大蒜煸锅。
2. 放入苋菜炒熟后加入适量的水，等水开了后放入嫩豆腐。
3. 再将打散的鸡蛋放入，稍微煮一会儿，放少许盐和香油出锅。

营养功效

增强钙质吸收，促进造血功能。

专家点评

苋菜：苋菜中富含蛋白质、脂肪、糖类及多种维生素和矿物质，其所含的蛋白质比牛奶更能充分被人体吸收，所含胡萝卜家比茄果类高 2 倍以上，可为人体提供丰富的营养物质，有利于强身健体，提高机体的免疫力，有“长寿菜”之称。

大蒜：大蒜可有效抑制和杀死引起肠胃疾病的幽门螺杆菌等细菌病毒，清除肠胃有毒物质，刺激胃肠黏膜，促进食欲，加速消化。

小提示

苋菜中不含草酸，所含钙、铁进入人体后很容易被吸收利用。因此，苋菜能促进小儿的生长发育。

素香茄子：活血，缓解身体疼痛

推荐容器：铁锅

材料：茄子300克，辣椒2根，生姜1小块，素碎肉50克，豆瓣酱5大匙，盐、味精、酒、糖各1大匙。

做法：

1. 茄子洗后切成滚刀块；生姜切成细末；辣椒切小段，与素碎肉备用。
2. 茄子放入热油中略炸1分钟。
3. 另起油锅，放入生姜、辣椒、碎肉及所有调味料炒出香味。
4. 再加入茄子及1/2碗水焖煮至熟即可。

营养功效

降低胆固醇，活血消肿。

小提示

为使茄子中丰富的维生素P不流失，烹饪茄子最好不要油炸。

桂圆当归鸡蛋汤：补气养血、恢复元气

推荐容器：不锈钢锅

材料：桂圆肉 150 克，当归 20 克，鸡蛋 1 个，冰糖适量。

做法：

1. 先把当归切片放水里煮滚。
2. 加入桂圆肉。
3. 把预先煮熟的蛋剥壳放入锅内。
4. 最后放入冰糖滚煮即可。

营养功效

补气养血、补养虚体。

小提示

桂圆本身含糖量高，因此，冰糖不宜多加。

蚕豆冬瓜汤：帮助排出恶露

推荐容器：砂锅

材料：鲜蚕豆 150 克，冬瓜 200 克，豆腐 200 克，盐，香油适量。

做法：

1. 鲜蚕豆洗净；冬瓜洗净去皮切块；豆腐切小块。
2. 锅中倒入少许底油，先倒入冬瓜块翻炒，随后倒入蚕豆和豆腐块，倒入清水没过菜。
3. 水煮开后，再煮两分钟即可关火，最后调入盐和香油。

营养功效

消肿利水、帮助排出恶露。

专家点评

蚕豆：蚕豆中的钙，有利于骨骼对钙的吸收与钙化，能促进人体骨骼的生长发育。蚕豆中的维生素 C 可以延缓动脉硬化，蚕豆皮中的膳食纤维有降低胆固醇、促进肠蠕动的作用。

冬瓜：冬瓜不含脂肪，是低热量食品，而且其含有的葫芦巴碱能促进人体新陈代谢，而所含有的丙醇二酸能有效地阻止机体中的糖类转化为脂肪，且能把肥胖者多余脂肪消耗掉，长期食用，可使肥胖者的体重减轻。

小提示

蚕豆的食用方法很多，可煮、炒、油炸，也可浸泡后剥去种皮做炒菜或汤。

荸荠豆腐紫菜汤：补充优蛋白

推荐容器：砂锅

材料：紫菜 50 克，荸荠 10 个，豆腐 100 块，瘦猪肉 100 克，生姜 1 片，精盐少许。

做法：

1. 紫菜浸透发开，淘洗干净；豆腐洗净，切成粒状。
2. 荸荠去蒂、去皮，洗净，切成块；瘦猪肉洗净；切成块。生姜去皮，切片。
3. 锅内加入清水烧开，放入紫菜、荸荠、豆腐、猪肉、生姜，改用中火煲 2 小时，加少许精盐调味即成。

营养功效

清热利尿、降低血压及促进人体新陈代谢。

小提示

紫菜食用前用清水泡发，并换 1 ~ 2 次水以清除污染、毒素。

白菜鸡蛋面：增强免疫力

推荐容器：砂锅

材料：白菜 4 瓣、菠菜 1 把、香菇 2 个、鸡蛋 1 个、油豆腐数块、挂面适量。

做法：

1 放入植物油适量，先炒鸡蛋，然后出锅备用。

2 放入植物油适量，放入葱蒜，炒出香味后放入白菜，炒出水后放入盐及其他调料，然后放入香菇，翻炒后出锅。

3 锅内放入水适量，水开后放入面条，等水再开后放入炒好的白菜，油豆腐。

4 再放入菠菜，等水再次烧开的时候，放入高汤料。

5 关火，放入鸡蛋，搅拌后盛入碗内，再在面上放入香菜即可。

营养功效

增强抵抗力、养眼护眼。

小提示

切白菜时宜顺丝切，这样大白菜易熟。

西蓝花炒牛柳：补血养血

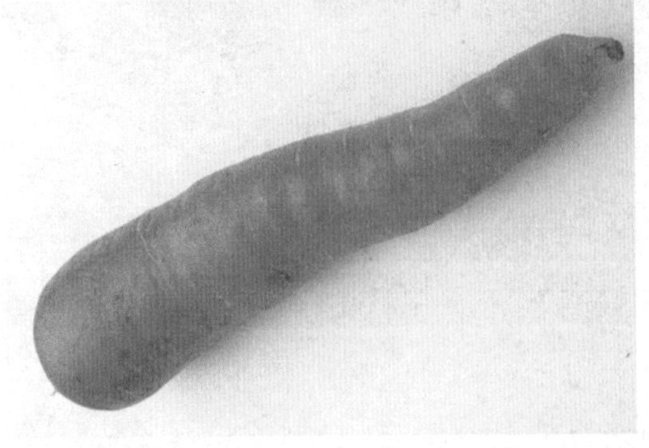

推荐容器：铁锅

材料：牛里脊肉300克，西蓝花150克，胡萝卜2根，生姜1小块，淀粉、食用油、香油、蚝油、胡椒粉、精盐、白糖、味精适量。

做法：

1 牛肉洗净切成薄片，西蓝花洗净切成小颗，胡萝卜洗净去皮切片，生姜洗净切片。

2 往牛肉里加盐、味精、水淀粉，腌5分钟，烧热油锅，把牛肉片炒至八成熟时盛出。

3 往锅里倒油，烧热，放入生姜、胡萝卜、西蓝花，调入盐、味精、白糖、蚝油炒至断生时，加入牛肉，撒上胡椒粉，用大火爆炒出香味，用水淀粉勾芡，淋入香油即可。

营养功效

补血养血、增强机体免疫力。

专家点评

西蓝花：西蓝花有增强机体免疫功能，菜花的维生素C含量极高，不但有利于人的生长发育，更重要的是能提高人体免疫功能，促进肝脏解毒，增强人的体质，增加抗病能力。

胡萝卜：胡萝卜含有植物纤维，吸水性强，在肠道中体积容易膨胀，是肠道中的“充盈物质”，可加强肠道的蠕动，从而利膈宽肠。

小提示

牛肉炒断生后食用，肉质最嫩、味道最醇。巧增味精鲜味：在起锅前，往菜里撒味精的同时，滴入几滴食醋，趁热翻炒均匀，这样烹制的菜肴不仅味道更为鲜美，而且有利于人体对各种营养成分的消化吸收。

乌鸡栗子枸杞汤：补中益气

推荐容器：砂锅

材料：乌鸡1只，板栗150克，香菇100克，葱、枸杞、生姜、盐、鸡精各适量。

做法：

1. 板栗剥去壳；香菇切成四瓣；葱切段；生姜切片。
2. 乌鸡切块，过水抄去血水，再过凉水冲洗干净。
3. 重新起水，烧开后倒入所有材料，煮开后关小火炖两个小时后，放盐和鸡精调味，再熬煮片刻即可。

营养功效

补中益气、强壮体格。

小提示

乌鸡可以整只煲汤，也可以剁成小块儿。

牛肉炒西蓝花：清热利尿

推荐容器：铁锅

材料：西蓝花 200 克，牛里脊肉 200 克，食盐、蒜、橄榄油适量。

做法：

1. 西蓝花撕小朵洗净，烧开半锅水，滴入几滴油，放入西蓝花焯制 1 分钟左右。
2. 蒜切片后，用压蒜钳压成蒜茸。
3. 将牛肉切成小条。
4. 锅内加入橄榄油，入培根用中小火煎香。
5. 入蒜茸炒香，加入过水的西蓝花大火翻炒 1 ~ 2 分钟即可。

营养功效

清热利尿、提高免疫力。

小提示

西蓝花制作凉菜不宜加酱油，会改变西蓝花本身的质感。如果偏好咸口，可以稍加生抽。

产后第4周

第1节 新妈妈的身体变化

乳房

此时新妈妈的乳汁分泌已经增多，但同时也容易得急性乳腺炎，因此要密切观察乳房的状况。如有乳腺炎情况发生，一定要稳定情绪，勤给宝宝喂奶，让宝宝尽量把乳房里的乳汁吃干净。

子宫

子宫大体复原，产后第4周时，新妈妈应该坚持做些产后体操，以促进子宫、腹肌、阴道，盆底肌的恢复。

胃肠

连续3周的恢复，胃肠功能是最先好起来的，产后大量的进补和产前增加的体重，都给胃肠增加了不少的负担。

恶露

产后第4周白色恶露基本上也排出干净了，变成了普通的白带。但是也要注意会阴的清洗，勤换内衣裤。

排泄

随着胃肠功能的恢复，产后最初的便秘问题已解决，还要坚持养成定时排便的习惯，不要因为照顾宝宝而打乱了正常的生理作息。

伤口及疼痛

剖宫产妈妈手术后伤口上留下的痕迹，一般呈白色或灰白色，光滑、质地坚硬，这个时期开始有瘢痕增生的现象，局部发红、发紫、变硬，并突出皮肤表面。瘢痕增生期持续3个月至半年左右，纤维组织增生逐渐停止，瘢痕也会逐渐变平变软。

心理

想想再过几天就可以带着宝宝在晴朗的午后一同去晒太阳，一同感受外面的世界，由二人世界进入到三人天地，生活从此更新鲜、更有趣，生了宝宝觉得生活更充实、更踏实。

第 2 节 体质恢复关键期

定时定量进餐很重要

虽然说经过前 3 周的调理和进补，新妈妈的身体得到了很好的恢复，但是也不要放松对于身体的呵护，不要因为照顾宝宝太过于忙乱，而忽视了进餐时间。宝宝经过 3 周的成长，也培养起了较有规律的作息时间，吃奶、睡觉、拉便便等。新妈妈都要留心记录，掌握宝宝的生活规律，相应安排好自己的进餐时间。妈妈还要根据宝宝吃奶量的多少，定量进餐。

依据自身体质类型制订恢复计划

无论是需要哺乳的新妈妈，还是不需要哺乳的新妈妈，产后第 4 周的进补都不要掉以轻心，本周可是恢复产后健康的关键时期。身体各个器官逐渐恢复到产前的状态，都正常而良好地“工作”着，它们需要在此时有更多的营养来帮助运转，尽快提升元气。

注意肠胃保健

产后第 4 周与前 3 周相比，滋补的高汤都比较油腻，此时要注意肠胃的保健，不要让肠胃受到过多的刺激，出现腹痛或者是腹泻。注意两餐合理的营养搭配，让肠胃舒舒服服最关键。

早餐可多摄取五谷杂粮类食物，中饭可以多喝此滋补的高汤，晚餐要加强蛋白质的补充，加餐则可以选择桂圆粥、荔枝粥、牛奶等。

必要时，中药煲汤补体

如果需要，在第 4 周的时候，可以用些中药来煲汤给新妈妈进补，不同的中药特点各不相同，用中药煲汤之前，必须通晓中药的寒、热、温、凉等各性。选材时，最好选择无副作用的枸杞、当归、黄芪等。

第3节 提升元气的6种食材

牛奶

牛奶营养丰富、容易消化吸收、食用方便，是最“接近完美的食品”，人称“白色血液”，是最理想的天然食品。所含的为多种氨基酸中有人体必需的8种氨基酸，奶中的蛋白质消化率高达98%。

龙眼

龙眼又名桂圆，营养丰富，含有葡萄糖和蔗糖及多种维生素，性温、味甘，可补心脾、补气血、安神，可治失眠、健忘、惊悸。适用于产后体虚、气血不足或营养不良、贫血的新妈妈食用。

枸杞

枸杞的营养成分丰富，是完全的营养天然食物。枸杞中含有大量的蛋白质、氨基酸、维生素和铁、锌、磷、钙等人体必需的养分，有促进和调节免疫功能，保肝和抗衰老的药理作用，具有不可代替的药用价值。

鳝鱼

鳝鱼中含有丰富的DHA和卵磷脂，它是构成人体各器官组织细胞膜的主要成分，而且是脑细胞不可缺少的营养。鳝鱼还有很强的补益功能，特别对身体虚弱、产后妈妈更为明显，它有补气养血、温阳健脾、滋补肝肾、祛风通络等功能。

猪肝

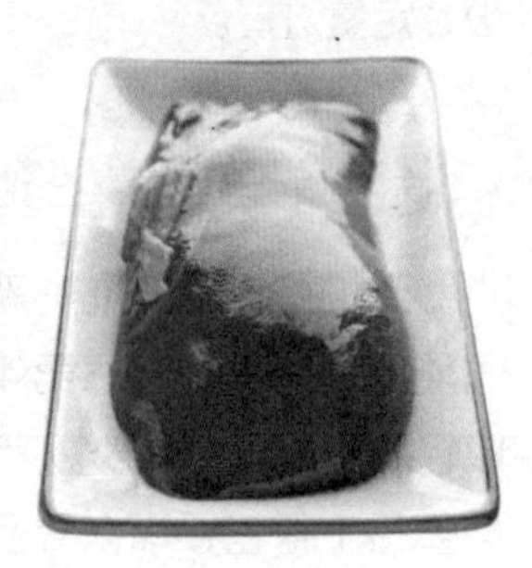

肝脏是动物体内储存养料和解毒的重要器官，含有丰富的营养物质，具有营养保健功能，是最理想的补血佳品之一。猪肝中还具有一般肉类食品没有的维生素C和矿物质硒，能增强人体的免疫力，抗氧化，防衰老。

牛蒡

牛蒡别名大力子、东洋参、牛鞭菜等。牛蒡子和牛劳根既可入药也可食用，它是一种营养价值极高的保健产品，富含菊糖、膳食纤维、蛋白质、钙、磷、铁等人体所需要的多种矿物质、氨基酸。此外，牛蒡的纤维可以刺激大肠蠕动，帮助排便，降低体内胆固醇，减少毒素、废物在体内积存。

第 4 节 产后第 22 ~ 28 天的炖补方案

哺乳妈妈这样补

产后的时间过得很快，还没有什么感觉已经到了第 4 周。这时大量进补是非常必要的，进补的量可以适当增加，食材也可以选择热量高的，如牛蒡排骨汤、栗子黄鳝煲等。

1 日食谱举例

早餐

鸡蛋玉米羹，香菇油菜包。

午餐

黄豆芽炖排骨，枸杞鸡丁，米饭 1 碗。

午点

花椒红糖饮。

晚餐

猴头菇黑豆核桃煲羊肉，咖喱鸡丁意面。

晚点

蒸鸡蛋羹。

1. 给家人的护理建议

这个时期是新妈妈需要大量进补的时候，由于进补的品种比较多，要避免制作一些程序非常复杂，而且耗费时间的煲汤，那样照顾宝宝和妈妈的时间就会减少，尽量不要顾此失彼。

2. 传统与现代对碰

老人讲：体力恢复期，可以多吃些巧克力进行补充。

专家说：哺乳期的妈妈过多食用巧克力，会对宝宝的发育产生不良的影响。因为巧克力所含的可可碱会通过母乳在宝宝体内蓄积。可可碱能伤害神经系统和心脏，并使肌肉松弛，排尿增加，使宝宝消化不良、睡眠不稳、哭闹不停。新妈妈整天吃巧克力还会影响食欲，不但使身体所需营养供给不足，还会使身体发胖，这当然影响妈妈的身体健康和宝宝的生长发育。

牛蒡排骨汤：增强体力

推荐容器：砂锅

材料：排骨 300 克、牛蒡 1 根、盐少许。

做法：

1. 排骨切块，放入清水中，水沸后撇去浮沫，捞出排骨。
2. 砂锅中水将沸时，放入排骨，大火煮开，小火继续煮一个半小时。
3. 牛蒡去皮切滚刀块或片，泡到醋水中防止变色。
4. 将牛蒡倒入砂锅中，继续煮半个小时，加少许盐调味即可。

营养功效

补养元气、滋阴润燥。

专家点评

牛蒡：牛蒡可祛风消肿、滋阴润燥，适用于头晕、咽喉热肿、阴虚、咳嗽，消渴、体虚、乏力、泄泻等病症。其润肠通便之功效能够帮助新妈妈排出恶露。

排骨：排骨有很高的营养价值，具有滋阴壮阳、益精补血的功效。熬汤来放上葱，和一些相应的调味料，煮过后非常美味，也很有营养。排骨的选料上，要选肥瘦相间的排骨，不能选全部是瘦肉的，否则肉中没有油分，蒸出来的排骨会比较柴。

小提示

牛蒡肉质根细嫩香脆，可炒食、煮食、生食或加工成饮料。

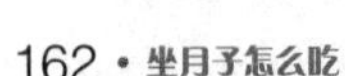

清蒸鸡汁丝瓜：促进恶露排出

推荐容器：铁锅

材料：丝瓜 200 克，红椒半个，蒜 2 瓣，盐，浓缩鸡汁，调和油适量。

做法：

1. 丝瓜刨去皮，切成寸段，然后再切成片，放入深盘中。
2. 大蒜切碎，散放于丝瓜上，红椒丝放在丝瓜上。
3. 把盐匀均撒在菜上，淋上鸡汁和调和油。
4. 蒸锅烧开，把菜盘放入，猛火蒸 3 分钟后端出来。

营养功效

利尿清热、排出恶露。

小提示

丝瓜汁水丰富，宜现切现做，以免营养成分随汁水流走。

鸡蛋玉米羹：补营养助视力

推荐容器：铁锅

材料：罐头玉米 160 克，鸡蛋 2 个，罐头蘑菇 40 克，淀粉 5 克，牛奶 100 克，净冬菇、料酒各 25 克，鲜豌豆粒 20 克，精盐 4 克，葱、生姜各 1 克。

做法：

1 鲜豌豆放入热碱水中泡一下，捞入凉水中泡凉。

2 炒锅烧热，加油用葱、生姜、料酒煸锅。

3 倒入豌豆、蘑菇、冬笋，稍烩后，加水，倒入玉米、鸡蛋、牛奶和盐，开锅后加入淀粉勾芡即可。

营养功效

玉米性平、味甘，能调中健胃，利尿消肿。玉米所含的亚油酸、维生素 E 可促进细胞分裂，延缓衰老，其所含的胡萝卜素、黄体素对于新妈妈和宝宝的视力也有好处。

小提示

玉米中含有较多的膳食纤维，想瘦身的新妈妈可多食。

枸杞鸡丁：帮助消化、增进食欲

推荐容器：铁锅

材料：鸡脯肉100克，枸杞子、荸荠各30克，鸡蛋清、牛奶、植物油、水淀粉、盐、味精、葱段、生姜末、蒜末各适量。

做法：

1. 枸杞子洗净；荸荠去皮，洗净，切丁。
2. 鸡脯肉洗净，切丁，放入鸡蛋清、水淀粉搅拌均匀备用。
3. 锅内倒油烧至五成熟，放入浆好的鸡丁快速翻炒，放入荸荠丁、枸杞子再翻炒几下。
4. 将盐、葱段、生姜末、蒜末、牛奶、味精、水淀粉勾成芡汁浇入锅内，翻炒几下即可。

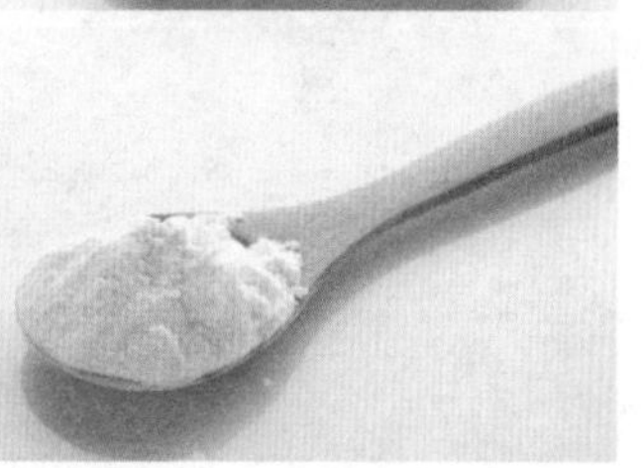

营养功效

增强免疫力，提高肌肉活性。

专家点评

荸荠：可作水果亦可作蔬菜，可制罐头，可做凉果蜜饯，它既可生食，亦可熟食。

淀粉：也就是俗称的“芡”，为白色无味粉末，主要从玉米、甘薯等含淀粉多的物质中提取。可直接食用，也可用于酿酒，同时还是经常出入筵席的烹调辅料，在烹饪中具有无可替代的效用。

小提示

鸡肉不宜与芝麻、菊花、芥末、糯米、李子、大蒜、鲤鱼、鳖肉、虾、狗肉、兔肉同食。

黄豆芽炖排骨：滋肾润肺、补肝明目

推荐容器：砂锅

材料：排骨 500 克，黄豆芽 150 克，盐、味精、胡椒、生姜适量。

做法：

1 将黄豆芽淘洗干净；将猪排骨块成 3 厘米长的节，用沸水汆去血水。

2 烧鲜汤炖猪排，待软离骨；最下黄豆芽，煮至断生后加入盐、味精、胡椒、老生姜即可。

营养功效

可增加神经机能活力，补充钙质。

小提示

黄豆芽不易消化，脾胃虚寒之人不宜多食。

蒸鸡蛋羹：促进新陈代谢

推荐容器：不锈钢锅

材料：鸡蛋 2 个，葱花、盐、香油、水各适量。

做法：

1. 鸡蛋液打散，直到蛋清和蛋黄均匀地混合在一起，不要有大块的凝结。
2. 加入凉开水，一边加，一边拌匀，然后加入盐、葱花，充分搅匀。
3. 用漏网过滤掉气泡，或者厨房纸巾将蛋液表面的气泡吸掉，保证液体表面光滑平整，这样蒸出来的鸡蛋羹，才不会有难看的蜂窝。
4. 盖上一层保鲜膜，放入蒸锅中，大火加热，当蒸锅中的水沸腾后，转为小火，蒸约 10 分钟。
5. 出锅后，顺着碗的边缘淋上一点点香油。

营养功效

补充营养，促进身体代谢功能。

小提示

不要用生水来调和鸡蛋液，否则蒸出的蛋羹不平整，会呈蜂窝状。

咖喱鸡丁意面：增强食欲

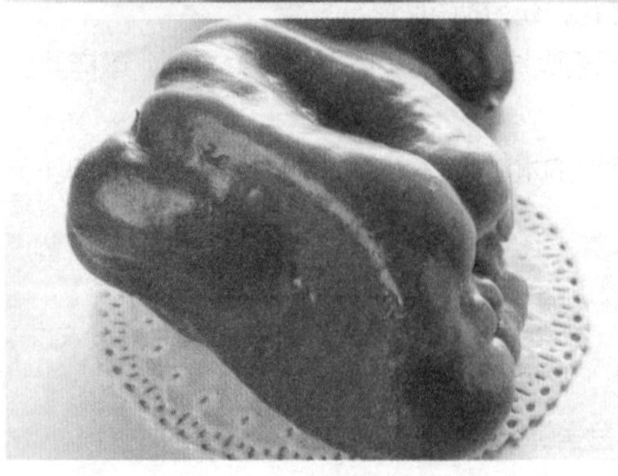

推荐容器：不锈钢锅

材料：鸡腿2个，青椒1个，意大利面150克，咖喱块、咖喱粉、盐、牛奶各适量。

做法：

1 鸡腿去骨去皮，切成小丁；青椒洗净，切成块。

2 烧开水，放入意大利面，加点儿盐，将面煮熟捞出来浸入冷开水中。

3 坐油锅，热锅凉油，放入鸡块翻炒断生后，加入青椒块，加入咖喱粉和咖喱块，一起翻炒均匀后，倒入牛奶稍没过食材即可，烧开后转小火慢慢熬煮成浓稠，调入盐即可。

4 将意大利面捞入碗中，浇上酱汁，拌匀即可。

营养功效

清心养神、开胃消食。

专家点评

咖喱：咖喱的主要成分是生姜黄粉、川花椒、八角、胡椒、桂皮、丁香和芫荽子等含有辣味的香料，能促进唾液和胃液的分泌，增加胃肠蠕动，增进食欲。

青椒：新妈妈食欲不振时，适当吃一些辣椒，能刺激唾液和胃液分泌，增进食欲，促进胃肠的蠕动，帮助消化。将青椒剁成蓉，加调料调和成汁，多用于拌荤食原料，如椒味里脊、椒味鸡脯、椒味鱼条等。

小提示

同时使用咖喱粉和咖喱块，能更突出咖喱的味道，加入咖喱粉以后火不能太旺，否则会炒煳出苦味儿。

猴头菇黑豆核桃煲羊肉：养血补虚

推荐容器：砂锅

材料：猴头菇100克，黑豆30克，核桃100克，羊肉500克，猪瘦肉400克，猪脊骨600克，蜜枣3粒，陈皮、生姜各适量。

做法：

1. 猴头菇洗净泡发，黑豆洗净，核桃去壳。
2. 羊肉洗净切块，与猪瘦肉、猪脊骨一同放入沸水中，焯去血水。
3. 汤煲内加入4～6碗水，水开后将所有材料放入，大火煲开后转文火煲1.5小时，再转文火煲30～45分钟即可。

营养功效

改善寒性体质，增强抗病毒能力。

小提示

猴头菇宜用清水泡发而不宜用醋泡发。泡发时，先将猴头菇洗净，然后放在冷水中浸泡一会儿，再加沸水入笼蒸制或入锅焖煮。

大麦茶：清热解毒

推荐容器：玻璃杯

材料：大麦粉 7000 克，茶叶粉 3000 克，天然香料 100 克，牛骨粉 50 克。

做法：

1. 将大麦洗净，晾干后，用文火在干净锅中翻炒，直到表皮焦黄为止，取出压碎。
2. 过筛；将大麦粉和茶叶粉、天然香料和牛骨粉按比例混合后，再次过筛。
3. 以热水冲泡粉末，重开后即可饮用。

营养功效

具有防暑降温功、助消化、解油腻、养胃暖胃、健胃的作用，长期饮用，能起到养颜、减肥的功效。

小提示

不同种类的大麦茶不要混合储存，否则容易串味，特别是香气较重的品种，如熏衣草，切忌与大麦茶一起存放。

黄芪老鸭汤：清热祛湿

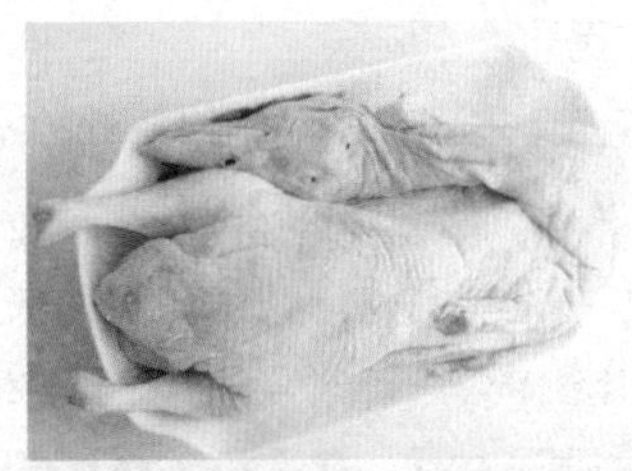

推荐容器：砂锅

材料：母老鸭半只，黄芪20克，枸杞10克，生姜片15克，黄酒、白胡椒粉、盐适量。

做法：

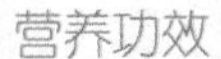

1. 老鸭斩块飞水，捞出后冲净沥干，也可整只下锅。
2. 生姜切片，同黄芪、鸭子一起放入砂锅，倒适量的清水，大火煮开后转小火慢炖两小时，至鸭肉软烂。
3. 倒入枸杞和适量的盐，关火。盖上盖子闷一小会儿，至枸杞胀大即可。

营养功效

益气补血、清热祛湿、养胃生津。

专家点评

老鸭：公鸭肉性微寒，母鸭肉性微温。入药以老而白、白而骨乌者为佳。用老而肥大之鸭同海参炖食，具有很大的滋补功效，炖出的鸭汁，善补五脏之阴和虚痨之热。

黄芪：每天用黄芪30克左右，水煎后服用，或水煎好后代茶饮用，用黄芪30克，枸杞子15克，水煎后服用，对气血虚弱的人效果更佳。

小提示

鸭肉性凉，凡素体虚寒、胃部冷痛、腹泻便溏、腰部疼痛及寒性痛经之人忌食。

猪骨番茄粥：止痛通乳

推荐容器：砂锅

材料：番茄3个，猪骨头500克，粳米200克，盐适量。

做法：

1 将猪骨头砸碎，用开水焯一下捞出，与番茄一起放入锅内，倒入适量清水，置旺火上熬煮，沸后转小火继续熬半小时至1小时，端锅离火，把汤滗出备用。

2 粳米洗净，放入砂锅内，倒入番茄骨头汤，置旺火上，沸后转小火，煮至米烂汤稠，放适量的盐，调好味，离火即成。

营养功效

通利行乳、散结止痛、清热除瘀。

小提示

猪骨炖之前将其砸烂一点儿会更有营养。

清炒蔬菜：滋阴润肺、强身健体

推荐容器：不锈钢锅

材料：蘑菇、芹菜、红椒、盐、酱油各适量。

做法：

1. 将蘑菇、芹菜、红椒分别洗净。
2. 芹菜、红椒切碎。
3. 油锅热，下入蘑菇、芹菜、红椒，加适量的盐、酱油，炒熟后即可食用。

营养功效

滋阴养肺、滋补健胃、利水消肿、提高免疫力。

小提示

新妈妈哺乳期间常食橄榄能促进胎儿或婴儿的大脑发育，并能使之提高智力。

百合鲜蔬炒虾仁：养心安神，通乳

推荐容器：铁锅

材料：虾仁 100 克，百合 10 克，西芹 50 克，胡萝卜 50 克，荷兰豆 50 克，鸡蛋白 1 个，食盐、鸡精、蒜、料酒、淀粉、玉米油、水各适量。

做法：

1. 将新鲜百合剥成片状洗净；西芹切斜段，荷兰豆去蒂洗净，胡萝卜切菱形片，蒜切丁。
2. 虾仁用料酒、盐、生粉、蛋清、鸡精腌制 10 分钟左右，再用 1/2 大勺的生粉与水调成芡汁。
3. 净锅入油，入蒜丁炒香，下西芹段、荷兰豆翻炒片刻。
4. 加入虾仁和胡萝卜后调入盐和水，继续翻炒 1 分钟左右。
5. 最后加入百合炒 40 秒左右，淋芡汁快速翻炒出锅。

营养功效

补充优蛋白、养心安神、通乳。

专家点评

虾仁：虾仁的营养价值很高，含有蛋白质、钙，而脂肪含量较低，配以笋尖、黄瓜，营养更丰富，有健脑、养胃、润肠的功效，适宜新妈妈食用。在用滚水汤煮虾仁时，在水中放一根肉桂棒，既可以去虾仁腥味，又不影响虾仁的鲜味。

西芹：芹菜含铁量较高，能补充女性经血的损失，经常食用能避免皮肤苍白、干燥、面色无华，而且可使目光有神、头发黑亮。

大多数人食用芹菜都去其叶，其实芹菜叶营养价值比芹菜茎高，芹菜叶的抗坏血酸含量远大于芹菜茎，且抗癌功效更为显著。

小提示

如虾仁较老，可放些食粉进去。

鱼头豆腐冬笋汤：补充蛋白质

推荐容器：砂锅

材料：嫩豆腐 200 克，鲜鲢鱼头 1 个，冬笋 100 克，米酒、醋、生姜、葱、白糖、胡椒粉、香菜、高汤、油各适量。

做法：

1. 鱼头洗净，从中间劈开，再剁成几大块，用厨房纸巾蘸去水分。
2. 将豆腐切成厚片，笋、生姜洗净切片。
3. 大火烧热炒锅，下油烧热，将鱼头块入锅煎 3 分钟，表面略微焦黄后加入高汤（或清水），大火烧开。
4. 水开后放醋、米酒，煮沸后放入豆腐、葱段、生姜片和笋片，盖锅焖炖 20 分钟。
5. 当汤烧至奶白色后调入盐和糖，撒入白胡椒粉和香菜段即可。

营养功效

补充优质蛋白、催乳。

小提示

想要鱼头汤呈香浓的奶白色，鱼头就一定要用油煎至呈金黄色，才能炖煮成白色的浓汤。

山芋水果荷包蛋：增进食欲

推荐容器：不锈钢锅

材料：鸡蛋 2 个，山芋 1 个，苹果 1 个。

做法：

1. 山芋去皮，洗净切丁；苹果去皮，切丁待用。
2. 切好的山芋丁倒入锅中，带水开后稍微煮一会儿。
3. 锅里倒入鸡蛋，带鸡蛋熟了后，放入苹果丁，稍微煮一下出锅。

营养功效

补充维生素、补养虚体。

小提示

在鸡蛋的周围洒上少许的热水，荷包蛋将会更完整，更漂亮。

非哺乳妈妈这样补

非哺乳妈妈在白天宝宝睡觉的时候，可以做一些轻微的活动，在窗前晒一晒太阳，在客厅内散散步，或者是轻声地听一些音乐，记录一下宝宝成长日记，让时间在你的安排下生动起来。好好恢复体力，多吃多休息，为照顾宝宝打好基础。这一周内还要充分了解和熟悉宝宝的各种生活规律和习惯，与他建立默契的母子关系。

1 日食谱举例

早餐

鸡蛋 1 个，花生麦片粥，香蕉 1 个。

午餐

豆芽炒三丝，虾仁蛋包饭。

午点

山芋水果荷包蛋。

晚餐

三鲜烩豆腐，百合甜椒鸡丁，寿喜烧。

晚点

南瓜蒸百合。

1. 给家人的护理建议

如果非哺乳的新妈妈一定要做些家务活的话，要避免马上干一些类似做饭、洗衣服等长时间需要站立的活。如果是想活动活动，厨房温度又适宜，可在产后第 4 周，在护理人员的帮助下一点儿一点儿开始做起。洗衣服的话要等到第 5 周以后才可以进行。

2. 传统与现代对碰

老人讲：山楂有刺激作用，产后不宜吃。

专家说：山楂对子宫有兴奋作用，可刺激子宫收缩，能促进排出子宫内的瘀血，减轻腹痛。新妈妈产后过度劳累，往往食欲不振、口干舌燥、饭量减少，如果适当吃些山楂，能够增进食欲、帮助消化，有利于身体康复。

花椒红糖饮：缓解乳房胀痛

推荐容器：不锈钢锅

材料：花椒 10 克，红糖 30 克，水适量。

做法：

1. 将花椒清洗干净，沥干水分。
2. 中火加热小煮锅中的 400 毫升水，将花椒放入，待水烧开后，转小火继续加热 25 分钟，直至水量减少至 250 毫升，将花椒水中加入红糖，搅拌均匀，即可饮用。

营养功效

帮助新妈妈回乳，减轻乳房胀痛。

专家点评

花椒：在烹调绿豆芽、白萝卜、冬瓜、莴苣、菠菜等凉性或寒性的蔬菜或肉类时，加点儿温性的花椒能起到中和属性的作用，对新妈妈温补身体有益。

红糖：在月子里，产妇怕受寒着凉，红糖可以祛风散寒；产妇失血过多，红糖可以补血；产后瘀血导致的腰酸、小腹痛、恶露不净，红糖具有活血化瘀和镇痛的作用；产妇活动少，容易影响食欲和消化，红糖有健脾暖胃化食之功；红糖还具有利尿作用，可使产妇排尿通畅。

小提示

花椒受潮后会生白膜、变味。保管时要放在干燥的地方，注意防潮。

清蒸茄段：恢复体能

推荐容器：铁锅

材料：茄子 200 克，食用油、食盐、蒜泥、酱油、白醋适量。

做法：

1. 茄子对剖切长段。
2. 将油及水放入大碗中，将茄子放入碗内拌匀。
3. 将茄子取出排盘，覆上耐热胶膜入电锅或微波炉蒸软。
4. 沥干水分，蘸酱料食用即可。

营养功效

促进血液循环，预防乳腺疾病。

小提示

秋后的老茄子含有较多的茄碱，对人体有害，应慎吃。

虾仁蛋包饭：补充蛋白质

推荐容器：铁锅

材料：白饭1碗，虾仁10个，洋葱末，生姜末、蛋汁、番茄酱、糖、盐、白胡椒粉各适量。

做法：

1. 虾仁入沸水烫一下、洋葱切小丁、生姜切末。
2. 起锅加入1大匙油放入洋葱丁炒香，加入虾仁后加调味料，和白饭炒匀后加葱花备用。
3. 蛋汁煎成蛋皮放入炒好的饭后排盘，食用时再淋上少许番茄酱即可。

营养功效

降低胆固醇的摄入量。

小提示

炒虾仁的时候放一点儿肉桂，既可以去虾仁腥味，又不影响虾仁的鲜味。

腰果虾仁：润肠通便

推荐容器：铁锅

材料：虾仁200克，腰果仁50克，葱花，蒜片，生姜各2克，鸡蛋30克，料酒25克，醋15克，盐2克，味精7克，水淀粉25克，香油10克，油适量。

做法：

1. 将大虾洗净，剥出虾仁，挑去虾线。
2. 蛋白打散，加盐、料酒、淀粉搅拌均匀，将虾仁放下去，抓匀，喂拌一下。
3. 锅内加油，先炸腰果，捞出，放在一边，凉着。
4. 锅内再放虾仁，划开，停片刻倒出，沥净油。
5. 原锅放少量油，加葱、蒜、生姜、料酒，加醋、盐、味精、倒虾仁、腰果、颠锅，淋香油，出锅即成。

营养功效

消除疲劳、润肠通便。

专家点评

腰果：腰果含有丰富的油脂，可以润肠通便，并有很好的润肤美容的功效，能延缓衰老。腰果含丰富的维生素A，是优良的抗氧化剂，能使皮肤有光泽、气色变好。喝粥吃早点时，可以往粥里加点儿腰果碎粒，补充一天所需的能量和不饱和脂肪酸。

醋：醋用于烹制带骨的原料，如排骨、鱼类等，可使骨刺软化，促进骨中的矿物质如钙、磷溶出，增加营养成分。

小提示

将虾仁放入碗内，加一点儿精盐、食用碱粉，用手抓搓一会儿后用清水浸泡，然后再用清水洗净，这样能使炒出的虾仁透明如水晶，爽嫩可口。

豆芽炒三丝：清热去火、消肿利水

推荐容器：铁锅

材料：绿豆芽 100 克，瘦肉丝 50 克，豆干 100 克，红椒半个，盐、酱油、糖各适量。

做法：

1. 绿豆芽掐掉头和尾，冲洗干净；红椒洗干净，对半切开后切丝，待用。
2. 瘦肉切丝，用油、盐、糖以及酱油腌入味，待用。
3. 将豆干切丝后，放入煮锅中飞水，捞出沥干水分待用。
4. 倒入少许油，待油七成热后，倒入绿豆芽并将其稍微炒软。
5. 接着放入瘦肉丝、豆干以及红椒丝，用筷子翻炒均匀，并用盐以及酱油调味后即可起锅。

营养功效

清热祛火、利水消肿。

小提示

烹调时油盐不宜过多，要尽量保持其清淡的性味和爽口的特点。

三鲜烩豆腐：生津开胃

推荐容器：不锈钢锅

材料：猪里脊 200 克，胡萝卜 2 根，鸡蛋 1 个，木耳 50 克，香菜、鸡精、胡椒粉、香油、葱生姜末、白糖各适量。

做法：

1. 豆腐切丁后放入加了盐的水中煮至水开后浸泡 10 分钟，捞出后过凉水，再加盐浸泡 10 分钟。
2. 猪里脊切小丁、胡萝卜切末、鸡蛋打散摊成蛋皮后切丁，木耳切小丁。
3. 炒锅热油，下入葱生姜末爆香后，放入猪里脊滑散，加入胡萝卜、蛋皮、木耳翻炒，加入适量的水，下入豆腐丁。
4. 大火煮开后转小火慢炖 10 ~ 15 分钟后，用淀粉水勾芡，加入盐、鸡精、胡椒粉、白糖调味，淋几滴香油，撒上香菜。

营养功效

生津开胃、补充营养、赶走不良情绪。

小提示

鸡蛋必须煮熟，不要生吃，打蛋时也须提防沾染到蛋壳上的杂菌。

广式腊肠煲仔饭：缓解疼痛

推荐容器：不锈钢锅

材料：腊肠 100 克，油菜 30 克，米饭 1 碗，食盐、色拉油、老抽、生抽、芝麻香油、白糖各适量。

做法：

1. 将淘洗干净的大米放入砂锅中，加适量水浸泡十几分钟。
2. 在浸泡好的大米中加入少许油，拌匀。
3. 盖上盖将米饭煮至八成熟。
4. 腊肠放入清水中浸泡 5 分钟，捞出切片，放入砂锅中，继续煮至全熟后拌匀。
5. 油菜洗净，另煮一锅水，水沸后加入少许盐和色拉油，放入油菜汆烫 1 分钟，捞出备用。
6. 将老抽、生抽、芝麻香油、绵白糖混合调成味汁，淋在蒸熟的煲仔饭上，放上汆烫过的油菜即可。

营养功效

开胃助食、增进食欲。

专家点评

腊肠：腊肠色泽光润、瘦肉粒呈自然红色或枣红色；脂肪雪白、条纹均匀、不含杂质；手感干爽、腊衣紧贴、结构紧凑、弯曲有弹性；切面肉质光滑无空洞、无杂质、肥瘦分明、手质感好，腊肠切面香气浓郁，肉香味突出。

白糖：在制作汤羹、菜点、饮料时，加入适量的白糖，能使食品增加甜味。如各式甜汤、甜羹、甜菜、甜点、饮料等。常见的品种有：冰糖银耳、冰糖燕窝、蜜汁叉烧、蛋糕、面包、月饼、牛奶、红茶、可乐、甜酒等。

小提示

选购腊肠首先要腊肠外表干燥，肉色鲜明，如果瘦肉成黑色，肥肉成深黄色，且散发出。

百合甜椒鸡丁：开胃健脾、除烦祛燥

推荐容器：不锈钢锅

材料：鸡腿3只，甜椒、生姜、蒜、盐各适量。

做法：

1. 鸡腿去骨切丁、生姜蒜切蓉、甜椒切小段。
2. 锅内放油烧热后放鸡丁煎至微黄，接着放生姜煎香，然后放蒜。
3. 最后放入甜椒翻炒片刻，再放些盐即可。

营养功效

生津除烦、开胃健脾。

小提示

甜椒与黄瓜同食，会影响人体对维生素C的吸收，降低其营养价值。

南瓜蒸百合：补血美肤

推荐容器：不锈钢锅

材料：南瓜200克，百合10克，金丝枣8个，白糖1勺。

做法：

1. 南瓜去皮去瓤切厚片，摆到盘中。
2. 在南瓜上均匀地撒上白糖。
3. 百合洗净，将褐色部分去掉，撒到南瓜上。
4. 金丝枣用清水泡软，也撒到南瓜上。
5. 将盘子放入蒸锅，大火蒸开，小火继续蒸约20分钟即可。

营养功效

养心安神、补血美容。

小提示

这道菜最好用老南瓜，老南瓜比较甜，可少放或不放糖；嫩南瓜可适当多放一点儿糖。

寿喜烧：补中益气、养血补血

推荐容器：砂锅

材料：牛肉200克，豆腐150克，白菜150克，魔芋50克，白萝卜100克，香菇50克，蛋饺100克，大葱、白糖、盐、日本酱油各适量。

做法：

1. 把锅烧热，倒进去酱油、糖、日本酱油和水，调成合适的口味，然后烧开。
2. 把不好熟和不容易进味的食材，如萝卜和魔芋放进去先煮入味。
3. 把其他食材依次放进去，煮熟后最后放牛肉，然后马上关火，用汤烫熟牛肉片，这样牛肉不会老。
4. 碗里打1个生蛋，搅拌好即可。

营养功效

补中益气、养血补虚。

专家点评

牛肉：牛肉内含有可溶于水的呈鲜含氮物质，焖肉的时候释出越多，肉汤味道越浓，肉块的香味则会相对减淡，因此肉块切得要适当大点儿，以减少肉内呈鲜物质的外逸，这样肉味可比小块肉鲜美。

魔芋：魔芋热量极低，在充分满足人们的饮食快感的同时不会增肥，无须刻意节食，便能达到均衡饮食从而减肥的效果。100克魔芋天然食品中含钙约43毫克，更重要的是其所含之钙成分极易溶解被人体吸收，此富钙佳品当属补钙首选。

小提示

一定要加生蛋，这样口感很滑爽，如果觉得生蛋有腥味或者喜欢口味重一点儿，可以加酱油和辣椒进去，一样美味。

月子里的对症调养药膳

第1节 缓解产后身体疼痛的药膳

薏米鸡：健脾补肺、镇痛解热

推荐容器：不锈钢锅

材料：鸡1只，薏米100克，生姜片25克，葱段50克，绍酒10克，精盐10克，清汤500克，鸡精2克。

做法：

1. 将鸡宰杀煺毛挖去内脏洗净，煮至五成熟捞出，沥干水分，用刀从背部劈开、去骨，将鸡皮朝下平放墩子上，用刀在鸡肉上剞成象眼形花纹，然后鸡皮朝下，置汤盆内。
2. 薏米洗净，用温水泡软捞出，放在鸡肉上，添适量清汤、精盐、绍酒、味精烧开，撇去浮沫，定好味，浇在汤盆里即可。

营养功效

缓解产后身体酸痛症状。

专家点评

薏米：薏米用作粮食吃，煮粥、做汤均可。夏秋季和冬瓜煮汤，既可佐餐食用，又能清暑利湿。

鸡精：鸡精是以新鲜鸡肉、鸡骨、鸡蛋为原料制成的复合增鲜、增香的调味料。可以用于使用味精的所有场合，适量加入菜肴、汤羹、面食中均能达到效果。

小提示

盛鸡的容器必须加盖，或用皮纸封严，蒸制时可保持原汁原味。

山楂粥：缓解疼痛

推荐容器：电饭煲

材料：山楂 50 克、粳米 50 克、砂糖 10 克、黑枣 8 粒。

做法：

1. 粳米洗净沥干，山楂、黑枣略冲洗。
2. 锅中加水 8 杯煮开，放入山楂、黑枣、粳米续煮至滚时稍微搅拌，改中小火熬煮 30 分钟，加入砂糖煮溶即成。

营养功效

健脾胃、消食积、散瘀血，适用于高血压、冠心病、心绞痛、高脂血症以及食积停滞、腹痛、腹泻、小儿乳食不消等。

小提示

吃完山楂粥要及时漱口，以免损坏牙齿。

干贝乌鸡汤：祛风散寒、缓解疼痛

推荐容器：砂锅

材料：乌鸡1只，当归、龙眼肉、生干贝、盐、生姜各适量。

做法：

1. 生干贝放入清水中泡开；乌鸡洗净、汆烫、捞出、切小块。
2. 将以上煲汤材料加清水放入锅中，炖煮至乌鸡块熟烂。
3. 加盐调味即可。

营养功效

此汤消除疲劳，增强体力及抵抗力，尤其适合妊娠期体质虚弱者，可促进体力恢复。

小提示

乌骨鸡不宜与野鸡、甲鱼、鲤鱼、鲫鱼、兔肉、虾子、葱、蒜一同食用。

冬瓜鲢鱼汤：缓解肢体疼痛

推荐容器：砂锅

材料：鲢鱼 1 条，冬瓜 50 克，大蒜、生姜、盐、味精、香油各适量。

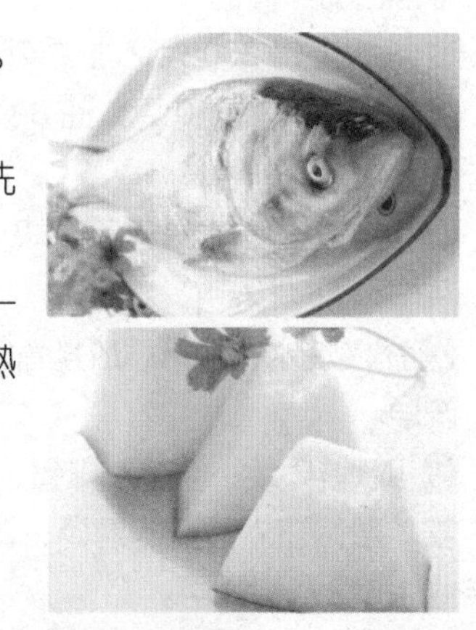

做法：

1. 鲫鱼去鳞、鳃、内脏，洗净；冬瓜皮切成片；大蒜、生姜去皮洗净，切成丝。
2. 锅置火上，放入花生油烧热，放入鲫鱼，将两面各煎一下，推至一边，下蒜、生姜丝爆锅，加入适量清水烧沸，倒入节瓜片，煮至鱼熟烂，加入精盐、味精、香油调味即成。

营养功效

适用于产后气血亏虚、伤口疼痛、乳汁不足、面白乏力等症。

专家点评

鲢鱼：鲢鱼适用于烧、炖、清蒸、油浸等烹调方法，尤以清蒸，油浸最能体现出鲢鱼清淡，鲜香的特点。

冬瓜：冬瓜皮富含糖类、蛋白质、维生素 C，有利水化湿，消肿止痛的功效。

小提示

长盘先架竹筷，然后放鱼，蒸时热气便于流通，可缩短加热时间，且使整鱼受热均匀。大火气足，以蒸 10 分钟为度，蒸的时间稍长，肉刺不易分离，鲜味亦失。

枸杞生姜排骨汤：补气血，缓解疼痛

推荐容器：砂锅

材料：排骨 300 克，土豆 200 克，枸杞 5 克，生姜 10 克，葱 10 克，盐 8 克，绍酒 3 克。

做法：

1. 枸杞洗净；土豆去皮切块；排骨斩块；生姜切片；葱切段。
2. 锅内烧水，水开后放排骨，煮尽血水，捞起洗净。
3. 取炖盅 1 个，加入排骨、土豆、枸杞、生姜、葱，注入适量的清汤，调入盐、绍酒，炖约 1.5 个小时即可。

营养功效

补气血，对产后身体疼痛有效。

小提示

烂生姜、冻生姜不要吃，因为生姜变质后会产生致癌物。

遮目鱼粥：促进伤口愈合

推荐容器：电饭煲

材料：遮目鱼身 2 个，大米 50 克，生姜 4 片，芹菜 30 克，米酒、食盐、葱末各适量。

做法：

1. 将遮目鱼洗净对半切开；生姜片切丝；芹菜切末；大米淘洗，浸泡半小时。
2. 大米加水放入电饭锅中煮粥；加入遮目鱼和米酒。
3. 至遮目鱼变色后，加入生姜丝、盐、芹菜末、葱末搅拌均匀即可。

营养功效

此粥有利于新妈妈伤口愈合，并促进骨骼健康。

小提示

煮粥的时候适当多搅动能让粥更浓稠，口感更好。

咸蛋黄烤鸭粥：缓解产后疼痛

推荐容器：电饭煲

材料：大米30克，糯米15克，咸蛋黄2个，烤鸭200克，盐、鸡精、油、芫荽适量。

做法：

1. 大米、糯米用水冲洗，用冷水浸泡1小时后，加入少许食盐，倒入两勺色拉油，腌制30分钟。
2. 咸鸭蛋去蛋白只留蛋黄，喷上料酒上开水锅蒸熟即可。
3. 用饭勺背压碎，备用。
4. 烤鸭取鸭脯肉，切小丁。
5. 开水下米，顺一个方向搅拌，至米粒煮开花，再将蛋黄泥和烤鸭肉放于粥面上焖5分钟，最后加盐、鸡精和芫荽调味。

营养功效

缓解产后体痛。

专家点评

烤鸭：鸭肉性寒、味甘、咸，主大补虚劳，滋五脏之阴，清虚劳之热，补血行水，养胃生津，鸭肉中的脂肪酸熔点低，易于消化。所含B族维生素和维生素E较其他肉类多，能有效抵抗脚气病、神经炎和多种炎症，还能抗衰老。

蛋黄：蛋黄是叶黄素和玉米黄素的好来源，鸡蛋黄中的脂溶性黄色物质当中，有三分之一以上来自于这两种成分，而且非常容易被人体吸收，比直接吃玉米效果还要好。所以，对于正常的鸡蛋来说，蛋黄的颜色越黄，对眼睛健康越有好处。新妈妈多吃蛋黄对幼儿补铁有益，对孩子的大脑发育也有益。

小提示

烤鸭煮久了肉质发紧、发木，也会丧失不少鲜味。

苏格兰羊肉薏米粥：消水肿、缓疼痛

推荐容器：砂锅

材料：羊肉 400 克，薏米 50 克，葱头 50 克，白萝卜 150 克，胡萝卜 150 克，豌豆 60 克，芹菜 50 克，大蒜 25 克，精盐、胡椒粉各适量。

做法：

1. 将薏米洗净后浸泡 4 小时；把羊肉、葱头、萝卜、大蒜、芹菜、胡萝卜洗净；备用。
2. 将羊肉、薏米、葱米、萝卜、大蒜、芹菜、胡萝卜、适量水放在一起煮至羊肉熟透，边煮边除去浮沫杂物，再捞出大蒜、芹菜不用，取出羊肉、萝卜、胡萝卜切成小丁，放回锅内，加盐、胡椒粉、豌豆调好口味煮沸即可。

营养功效

祛风湿、清水肿、缓疼痛。

小提示

羊肉性热，新妈妈不宜多食。

姜丝炒肚片：改善脾胃虚弱

推荐容器：砂锅，铁锅

材料：猪肚 200 克，生姜 50 克，米醋、食盐、冰糖、香油各适量。

做法：

1. 将猪肚洗净，切丝；生姜洗净，切丝。
2. 将猪肚放入砂锅中加水炖煮 1 小时，捞起后沥干，切成条。
3. 起油锅，加适量的橄榄油，爆香生姜丝；再加入猪肚条淋上香油和其余调料，拌炒均匀即可。

营养功效

改善脾胃虚弱，驱寒消痛。

小提示

猪肚烧熟后，切成长条或长块，放在碗里，加点儿汤水，放进锅里蒸，猪肚会涨厚一倍，又嫩又好吃，但注意不能先放盐，否则猪肚就会紧缩。

五味益母草蛋：活血化瘀

推荐容器：不锈钢锅

材料：当归15克，川芎12克，炮生姜3克，田七粉1克，益母草30克，鸡蛋2个，料酒、食盐、葱各适量。

做法：

1. 将当归、川芎、炮生姜、益母草、田七粉全部装入纱布袋内，扎紧口。
2. 把鸡蛋外壳洗净，用清水泡1小时。
3. 将药袋放入大砂锅内，加清水，旺火煮20分钟。
4. 将连壳鸡蛋加入同煮。
5. 蛋熟后剥壳，将鸡蛋及壳均留在药液中，加食盐、料酒、葱，改文火再煮20分钟即可。

营养功效

这款产妇食谱既可以喝汤，又可以吃鸡蛋，每日1剂，汤分2～3次喝完。产妇护理期间食用能起到活血化瘀、行气止痛的作用，适用于瘀血内阻所致产后恶露不绝。

专家点评

田七：三七功用补血，去瘀损，止血衄，能通能补，功效最良，是方药中之最珍贵者。三七生吃，去瘀生新，消肿定痛，并有止血不留瘀血，行血不伤新的优点；熟服可补益健体。适于新妈妈食用。

益母草：益母草含有多种微量元素。硒具有增强免疫细胞活力、缓和动脉粥样硬化之发生以及提高机体防御疾病功能体系之作用；锰能抗氧化、防衰老、抗疲劳及抑制癌细胞的增生。所以，益母草能益颜美容，抗衰防老。

小提示

中药店买到的益母草多已经切碎，可以用纱布包将其包起来煲煮，这样比较方便饮用。

干贝汤：缓解身体疼痛

推荐容器：砂锅

材料：干贝 30 克，粉丝 30 克，大葱、胡萝卜各 1/2 根，青豆适量。

做法：

1. 将干贝用温水浸泡，浸泡后的汁水放着备用。
2. 粉丝也同样浸泡后，切成 10 厘米长。
3. 将大葱，胡萝卜切成 4 ~ 5 厘米长的丝。
4. 将青豌豆 10 枚用开水烫一下后，切成丝。
5. 起油锅，将青豌豆炒香。
6. 再将干贝和浸泡干贝的汁水烧沸，加入料酒、盐和粉丝，等粉丝煮熟后，撒上炒香的青豌豆丝即可。

营养功效

调节体质，缓解伤口疼痛。

小提示

干贝中优质新鲜的，呈淡黄色，如小孩指头般大小。粒小者次之，颜色发黑者在次之。干贝放的时间越长越不好。

八珍排骨汤：促进伤口愈合

推荐容器：砂锅

材料：排骨 500 克，北芪、干葛、地蚕、桂圆干、枸杞、红枣、党参、玉竹、生姜、盐、生抽各适量。

做法：

① 准备好煲汤的辅料和一块干净的纱布，把所有煲汤用的汤料用清水洗净后，放到冷水里浸泡 15 分钟。

② 把浸泡 15 分钟后的煲汤料沥干水分放到纱布上，提起纱布的对角系紧，系好汤料包。

③ 在砂锅里放入足量的水，放入纱布汤料包后开火，盖上锅盖。

④ 在灶台的另一个火眼上另起一只锅，凉水下锅焯排骨，水开后撇去血沫子，把排骨盛出。此时砂锅里的水也开了，把焯好的排骨放入砂锅。

⑤ 放入生姜片。水开后，盖上锅盖转小火煲 2 小时，调入适量的盐即可。

营养功效

排骨搭配八珍能够补养虚体，缓解生产时带来的疼痛。

小提示

把所有的汤料放到一块纱布里系好放入锅中，汤煲好后捞出纱布包，所有的汤料依然在锅中释放自己的特质，但是汤却清而不乱。

第 2 节 预防产后便秘、痔疮的药膳

油菜蘑菇汤：预防便秘

推荐容器：不锈钢锅

材料：油菜 200 克，小香菇 100 克，火腿丝 50 克，牡蛎酱、盐、味精、料酒、香菇高汤各适量。

做法：

1. 油菜择洗干净，一切为二；香菇用温水浸透，去柄洗净；火腿丝入微波炉中烤脆，取出备用。
2. 锅中加香菇高汤烧沸，下入香菇、牡蛎酱、料酒煮至香菇熟软，下入油菜煮至翠绿，调入盐、味精，撒火腿丝，搅匀即可。

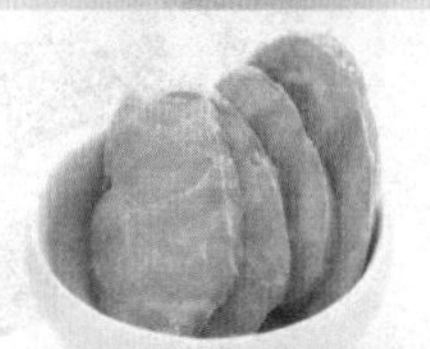

营养功效

润肠通便、预防便秘。

专家点评

油菜：油菜中含有丰富的钙、铁和维生素 C，胡萝卜素也很丰富，是人体黏膜及上皮组织维持生长的重要营养源，对于抵御皮肤过度角化大有裨益。新妈妈多食油菜有美肤作用。油菜还有促进血液循环、散血消肿的作用。孕妇产后瘀血腹痛、丹毒、肿痛脓疮可通过食用油菜来辅助治疗。

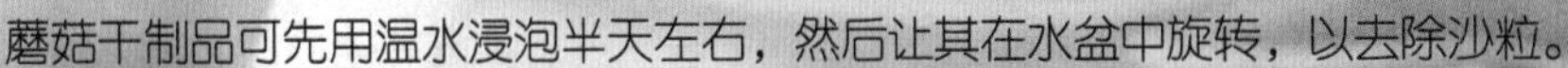

火腿：火腿肠应放入冰箱冷藏保存。如不能冷藏，应尽快食用，尤其是在夏季或环境温度较高的地方。

小提示

蘑菇干制品可先用温水浸泡半天左右，然后让其在水盆中旋转，以去除沙粒。

芹菜炒猪心：理气通便

推荐容器：铁锅

材料：猪心 300 克，芹菜 200 克，酱油 5 克，醋 3 克，味精 1 克，白皮大蒜 5 克，盐 3 克，小葱 5 克，白萝卜 10 克。

做法：

1. 将猪心去脂膜，洗净，放至足量的清水中煮熬。
2. 猪心快煮熟时，加细盐、味精、小葱等，以去腥味。
3. 熟猪心，取出，凉后剖开切成薄片，放在盘中。
4. 芹菜去叶留茎，切成小段，用开水焯透。
5. 将大蒜剥去蒜衣，洗净，拍碎剁成泥备用。
6. 芹菜茎放在猪心片上，放入各种调料拌匀即成。

营养功效

利尿通便，保证肛门健康。

小提示

大多数人食用芹菜都去其叶，其实芹菜叶营养价值比芹菜茎高。

青豆玉米羹：增强肠胃蠕动

推荐容器：铁锅

材料：嫩玉米 400 克，菠萝 25 克，青豆 25 克，淀粉适量，冰糖适量。

做法：

1. 将玉米粒洗净，放入适量的水，上笼蒸 1 小时取出。
2. 菠萝切成小颗粒。
3. 锅内放入适量的水和冰糖，烧开，待糖溶化后，放入玉米粒、菠萝粒、青豆烧开，用水淀粉勾芡，装入汤碗内即可。

营养功效

汁浓香甜，营养丰富。

专家点评

菠萝：菠萝中丰富的维生素 B 能有效地滋养肌肤，防止皮肤干裂，滋润头发的光亮，同时也可以消除身体的紧张感和增强机体的免疫力。

青豆：青豆中富含为人体提供儿茶素以及表儿茶素两种类黄酮抗氧化剂，这两种物质能够有效去除体内的自由基，预防由自由基引起的疾病，延缓身体衰老速度。青豆还有消炎抗菌、健脾宽中、润燥消水的作用。

小提示

玉米粒饱满，手按时有弹性表明玉米成熟度始终，凹下去表明玉米已经老化。

杏仁粥：润肠通便

推荐容器：电饭煲

材料：甜杏仁 30 克，大米 50 克。

做法：

1. 将甜杏仁研成泥状，将大米淘洗干净。
2. 将两味相和加适量煮水开，再用慢火煮烂即成。

营养功效

止咳平喘，适用于咳嗽、气喘。健康人经常食用能防病强身。

小提示

用指甲按压杏仁，坚硬者为佳。若指甲能轻易按入杏仁，代表已经受潮，不要购买。

松子仁粥：预防痔疮

推荐容器：电饭煲

材料：松子仁 10 克，粳米 100 克，冰糖适量。

做法：

将松子仁、粳米分别去杂洗净，放入锅中，加适量水，用大火煮沸，加入冰糖，改为小火煮 30 分钟，成粥即可出锅。

营养功效

松子仁与补中益气的粳米共煮成粥，调以冰糖，有补中益气、养阴等功效，常食能延年益寿、泽肤养发。此粥可润肠增液，滑肠通便，对妇女产后便秘有较好的疗效。

小提示

有严重腹泻、脾虚、肾虚、湿痰的新妈妈要少吃。

蛋黄炒南瓜：改善肠道功能

推荐容器：铁锅

材料：南瓜 300 克，咸鸭蛋黄 3 ~ 5 个。

做法：

1. 南瓜切片待用；咸鸭蛋黄捣碎。
2. 热锅加油，油到五六成热时加蛋黄略炒，炒到蛋黄冒泡。
3. 加南瓜片炒，加盐翻炒。
4. 可以稍微倒入一点儿水，免得炒焦了。
5. 加鸡精，翻炒均匀就可以出锅了。

营养功效

润肠通便、预防便秘。

小提示

南瓜搭配绿豆能够补中益气、清热生津；搭配猪肉降血糖；搭配山药提神补气、强肾健脾。

南瓜山药肉松羹：促进血液循环

推荐容器：不锈钢锅

材料：南瓜 200 克，山药 200 克，肉松 50 克，香菜适量。

做法：

1. 将 100 克南瓜切成薄片，放微波炉高火打 7 分钟，把剩下的南瓜切很细小的丁，用擀面杖把打熟的南瓜搅成糊状。
2. 切细丁的南瓜和山药下入开水锅里，用勺子搅拌并舀出浮沫。
3. 在凉了的南瓜糊里加入适量淀粉，搅拌均匀后放入南瓜山药汤里，最后倒入蛋液，起锅加入盐、香菜碎和肉松即食。

营养功效

润肠通便，增强肠道功能。

专家点评

山药：山药中的钙，对伤筋损骨、骨质疏松，牙齿脱落有极高的疗效，对糖尿病、肝炎、小儿泻泄、婴儿消化不良、肺结核、妇女月经带下等患者也有很好的疗效，久用可耳聪目明，延年益寿。

香菜：香菜为食用香料，可作凉菜、面和汤的调料及去鱼腥味。种子粉末为欧洲人常用之调料，是“咖喱粉”的原料之一。

小提示

南瓜可蒸、煮食，或煎汤服；外用捣敷。

豆芽炒韭菜：顺气通便

推荐容器：铁锅

材料：绿豆芽 250 克，韭菜 50 克，油、盐适量。

做法：

1. 豆芽摘除老叶，洗净备用。
2. 选用的细韭菜，韭菜洗净切一指长的小段，备用。
3. 起油锅，放入豆芽快速翻炒。
4. 待豆芽炒出水分，调入适量盐、少量的糖和几滴白醋提味。
5. 下入韭菜大火快速翻炒，韭菜熟得很快，待韭菜变色就可以起锅盛盘了。

营养功效

清热解毒、消肿利尿。

小提示

在购买豆芽时一定要仔细选择，最好选叶子肥厚、饱满，豆芽茎粗壮、有弹性、闻着没有异味的。这样的豆芽才是正常长出来的。这道菜最好选用细韭菜。

糖醋藕片：润肠通便

推荐容器：铁锅

材料：藕 250 克，生姜、醋、糖、水淀粉各适量。

做法：

1 藕洗净，切片，热水焯一下。

2 热锅，少许生姜末炝锅，倒入藕片翻炒，加糖、醋，继续翻炒，加水淀粉勾芡，出锅。

营养功效

莲藕含有丰富的碳水化合物、维生素 C 及钙、磷、铁等多种营养素，能够通乳补血。此菜能生津开胃，帮助肠胃蠕动。

小提示

食用莲藕有镇静的作用，可抑制神经兴奋，还可强化血管弹性。新妈妈常吃莲藕，可安定身心，预防抑郁症或烦躁情绪。

白果桂花羹：改善肠胃不适

推荐容器：不锈钢锅

材料：白果肉 200 克，糖桂花 5 克，糖、生粉各适量。

做法：

1. 将白果肉放在清水锅中煮 15 分钟，捞出洗净滤干。
2. 锅中加入适量的清水，放大火上煮滚后加入糖和洗净的熟白果，再滚后撇去浮沫，放入糖桂花，用生粉水勾薄芡，盛入汤碟中即可。

营养功效

排出恶露，解除口干舌燥、胀气、肠胃不适。

专家点评

白果：经常食用白果，可以滋阴养颜抗衰老，扩张微血管，促进血液循环，使人肌肤、面部红润，精神焕发，延年益寿，是新妈妈的保健食品。

糖：食用白糖有助于提高机体对钙的吸收；但过多就会妨碍钙的吸收。冰糖养阴生津，润肺止咳，对肺燥咳嗽、干咳无痰、咯痰带血都有很好的辅助治疗作用。

小提示

白果熟食用以佐膳、煮粥、煲汤或做夏季清凉饮料等。

芹菜猕猴桃酸奶汁：预防便秘

推荐容器：玻璃杯

材料：芹菜半根，猕猴桃 1 个，酸奶 200 毫升。

做法：

1 将芹菜洗净，切成块状；将猕猴桃去皮，切成块状。

2 将芹菜、猕猴桃和酸奶一起放入榨汁机榨汁。

营养功效

清热解毒、预防便秘。

小提示

猕猴桃除鲜食外，还可加工成果汁、果酱、果酒、糖水罐头、果干、果脯等。

三文鱼鲜蔬沙拉：刺激肠胃蠕动

推荐容器：铁锅

材料：三文鱼 150 克，嫩黄瓜 1 根，苹果 1 个，橘子 2 个，生菜 50 克，红甜椒半个，盐、烤香草吐司面包粒、黑胡椒粒、橄榄油、橘子汁、沙拉酱各适量。

做法：

1. 三文鱼撒上适量黑胡椒粒、盐、橄榄油腌制 10 分钟后，水烧开放入三文鱼蒸熟。
2. 蒸熟的三文鱼拆散成小块。
3. 嫩黄瓜、苹果、红甜椒切成小块，生菜撕成小片。
4. 所有材料混合均匀，加入适量橘子汁，吃前拌沙拉酱即可。

营养功效

增进粗纤维摄入量，增强肠胃蠕动。

小提示

用生菜做沙拉的时候，提前放入冰水浸泡 15 分钟，可以使生菜更加爽脆好吃。

咖喱烧土豆：开胃助消化

推荐容器：铁锅

材料：土豆1个，洋葱半个，口蘑5朵，鸡肉50克，咖喱香料酱，淡奶油，油、盐适量。

做法：

1. 土豆切丁、洋葱切丁、口蘑切片、鸡肉切小块。
2. 热锅放油，5成热放咖喱香料酱，炒出香味放鸡肉炒至发白。
3. 放入土豆、洋葱、口蘑，翻炒至咖喱酱均匀挂在食材上。
4. 加入水，没过菜，倒入淡奶油或椰汁，搅拌均匀。
5. 加盖中火焖至酱汁收干，如果觉得淡，可以再加一些盐。

营养功效

和胃健脾。

专家点评

洋葱：洋葱在欧美被誉为饮食之蔬菜类“蔬菜皇后”，它的鳞茎和叶子中所含有的特殊营养物质，能帮助体质虚弱者增强体质。新妈妈吃洋葱还能预防骨质疏松。

鸡肉：新鲜的鸡肉肉质紧密，颜色呈干净的粉红色且有光泽，鸡皮呈米色，并有光泽和张力，毛囊突出。不要挑选肉和皮的表面比较干，或者水较多、脂肪稀松的肉。

小提示

土豆宜去皮吃，有芽眼的部分应挖去，以免中毒。

核桃仁花生芹菜汤：开胃健脾

推荐容器：不锈钢锅

材料：芹菜 300 克，核桃仁 50 克，花生 20 克，精盐、味精、香油各适量。

做法：

1. 将芹菜择洗干净，切成 3 厘米长的段。
2. 锅中放入适量的水，烧开后放入芹菜，加精盐、味精、香油。
3. 锅开后放入核桃仁、花生煮 3 分钟即可。

营养功效

芹菜鲜嫩，核桃仁脆酥，味清香。

小提示

核桃不能与野鸡肉一起食用，肺炎、支气管扩张等患者不宜食之。

第3节 改善产后缺乳的药膳

莴苣煨猪蹄：补充营养

推荐容器：砂锅

材料：莴苣250克，猪蹄4只，葱50克，盐适量。

做法：

1. 莴苣去皮洗净切片或块。
2. 猪蹄除去毛桩，洗净，用刀剖成两片；葱切成段。
3. 材料一起放锅内，加适量的清水和盐，用武火烧沸后，转用文火烧煮，熬至猪蹄熟烂。

营养功效

猪蹄有壮腰补膝和通乳之功效，可用于肾虚所致的腰膝酸软和产妇产后缺少乳汁之症。而且多吃猪蹄对于女性具有丰胸作用。

专家点评

莴苣：莴笋适用于烧、拌、炝、炒等烹调方法，也可用它做汤和配料等。焯莴苣时一定要注意时间和温度，焯的时间过长、温度过高会使莴苣绵软，失去清脆口感。

葱：葱买回来可以把它切碎放在盒子里，底下铺一张纸巾放入冰箱，因冰箱有干燥作用，可以去除葱的水分变成干葱，使用时只要用油加热炒香就能恢复效果。

小提示

猪蹄带皮煮的汤汁最后不要浪费，可以煮面条，味道鲜美而且富含有益皮肤的胶质。

红豆汤饮：促进乳汁分泌

推荐容器：铁锅

材料：红豆 100 克，白砂糖 60 克，饮用水适量。

做法：

1 检查红豆，将破损的红豆挑出，以保留煮红豆汤用。

2 将做法 1 挑选出来的好红豆洗净后，以冷水浸泡约半小时至微软。

3 取一炒锅，放入约可淹过红豆的水煮至滚沸时，放入做法 2 的红豆汆烫约 30 秒去涩味，再捞起沥干水分。

4 取一快锅，放入做法 3 的红豆，倒入适量饮用水。

5 做法 4 转中火，烹煮 15 分钟后熄火，锅盖先不要打开，焖约 10 分钟，使红豆更为松软可口。

6 打开锅盖，再以中火续煮至红豆外观看起来松软绵密。

7 在做法 6 中，加入白砂糖。

8 做法 7 中倒入剩余的水，以中火煮至再度滚沸时即可。

营养功效

促进乳汁分泌。

小提示

红豆又名饭赤豆，以粒紧、色紫、赤者为佳，红豆煮汁食之通利力强，消肿通乳作用甚效。

猪蹄炖茭白：补充胶原蛋白

推荐容器：砂锅

材料：猪蹄 1 只，花生 100 克，茭白 1 根，生姜、盐各适量。

做法：

1. 花生加盐用水发泡 2 小时。
2. 茭白去除外皮和老硬的根部，切成 3 厘米大小的滚刀块。
3. 猪蹄清理干净，对半剖开，再切成 3 厘米大小的块，放入沸水中汆烫至变色捞出。
4. 将泡好的花生、猪蹄块、生姜片放入砂煲中，再加入 1800 毫升温水，大火煮开后转小火炖 1 个小时。
5. 放入茭白块继续以小火炖 30 分钟即可。

营养功效

猪蹄能够促进骨髓增长，猪蹄中的胶原蛋白对保养皮肤有好处。此汤能够增强乳汁分泌，促进乳房发育。

小提示

此汤是传统的催乳佳品，适宜新妈妈食用。

木瓜鱼尾汤：补养身体

推荐容器：砂锅

材料：木瓜 2 个，鲩鱼尾 2 个，盐 1 茶匙，生姜 3 片，油适量。

做法：

1. 木瓜去核、去皮、切块。
2. 起油锅，放入生姜片，煎香鲩鱼尾。
3. 木瓜放入煲内，用 8 碗水煲滚，再舀起 2 碗滚水倒入锅中，与已煎香的鱼尾同煮片刻，再将鱼尾连汤倒回煲内，用文火煲 1 小时，下盐调味，即可饮用。

营养功效

女性产后体虚力弱，如果调理失当，就会食欲不振、乳汁不足。要滋补益气，最好饮木瓜鱼尾汤，因为鲩鱼尾能补脾益气，配以木瓜煲汤，则有通乳健胃之功效，最适合产后女性饮用。

小提示

将鱼尾剖开洗净，在牛奶中泡一会儿既可除腥，又能增加鲜味。

鲫鱼奶汤：改善缺乳

推荐容器：砂锅

材料：鲫鱼 1 条，黄豆 50 克，生姜片、八角、精盐、味精、胡椒粉、豆油各适量。

做法：

1. 鲫鱼去鳞、内脏，刮去腹内黑膜，洗净改刀。
2. 锅加豆油烧热，下入鲫鱼、生姜片略煎，倒入清水烧开，加入八角，倒入高压锅内压 15 分钟，以精盐、味精、胡椒粉调味即可。

营养功效

鲫鱼有健脾利湿，和中开胃、活血通络、温中下气之功效，炖食鲫鱼汤，可补虚通乳。

专家点评

黄豆：黄豆富含大豆异黄酮，这种植物雌激素能改善皮肤衰老，还能缓解更年期综合征。此外，研究发现，黄豆中含有的亚油酸可以有效阻止皮肤细胞中黑色素的合成。

八角：八角在烹饪中应用广泛，主要用于煮、炸、卤、酱及烧等烹调加工中，常在制作牛肉、兔肉的菜肴中加入，可除腥膻等异味，增添芳香气味，并可调剂口味，增进食欲。做上汤白菜时，可在白菜中加入盐、八角同煮，最后放些香油，这样做出的菜有浓郁的荤菜味。

小提示

将鱼去鳞剖腹洗净后，放入盆中倒一些黄酒，就能除去鱼的腥味，并能使鱼滋味鲜美。

木瓜炖猪蹄：调节内分泌，通乳

推荐容器：砂锅

材料：猪蹄 1 只，木瓜 1 只，生姜、盐、葱各适量。

做法：

1. 猪蹄细心把毛毛刮掉，清洗干净后，清水下锅，烧开后去血沫备用。
2. 木瓜去皮切开后去瓤切块备用。
3. 接一锅水烧开后放入猪蹄、生姜大火煮开后转大中火煲 30 分钟后再转中小火煲 45 分钟，接着倒入切好的木瓜，再次煮开后中小火煲 30 分钟至猪蹄富有胶质、木瓜软烂。
4. 饮用前撒点儿香葱、放盐调味即可。

营养功效

木瓜酵素中含丰富的丰胸激素及维生素 A 等营养元素，能刺激女性荷尔蒙分泌，并能刺激卵巢分泌雌激素，使乳腺畅通，有利于通乳。

小提示

猪蹄带皮煮的汤汁最后不要浪费，可以煮面条，味道鲜美而且富含有益皮肤的胶质。

香煎生蚝：促进伤口复原

推荐容器：铁锅

材料：生蚝300克，洋葱1个，普洱茶2克，盐、料酒、白胡椒粉、糖、马铃薯粉、鲜奶油、吉士粉、高汤各适量。

做法：

1. 普洱茶用2碗热高汤泡2分钟，把茶汤滤出备用；洋葱去皮切成片状。
2. 生蚝加盐洗净，加入调味料盐，料酒，白胡椒粉腌一下并沥干，再沾上淀粉，用平底镬将生蚝煎至金黄色，捞出备用。
3. 洋葱片沾吉士粉，落油镬炸至金黄色，捞出排放碟底，并将煎好的生蚝放在上面。
4. 将普洱茶茶汤烧开，加入调味料盐、糖、马铃薯粉、鲜奶油勾芡，淋在碟周围即可。

营养功效

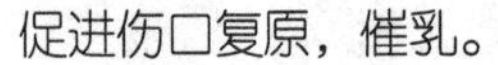

促进伤口复原，催乳。

专家点评

生蚝：经常食用生蚝可以减少阴虚阳亢所致的烦躁不安、心悸失眠、头晕目眩及耳鸣等症状。生蚝中所含的多种维生素与矿物质特别是硒可以调节神经、稳定情绪。新妈妈多食生蚝还能够补益大脑。

普洱茶：普洱茶除了饮用之外，还可以用来入菜，其主要好处就是去油腻，清肠胃，因此普洱茶大都是用来烹调肉类的。另一方面，普洱茶的甘醇香气入到菜味中，也可以锦上添花。

小提示

生蚝可煎炸，也可直接与酸辣酱汁或柠檬汁、盐一起放入嘴里生吃。

芥蓝炒虾仁：促进乳汁分泌

推荐容器：铁锅

材料：芥蓝200克，虾仁50克，蒜、香油、米酒、盐各适量。

做法：

1. 芥蓝洗净，切段；虾仁去肠泥，用米酒和盐腌一下；大蒜切片。
2. 香油烧热，虾仁放进去过油捞出，爆香蒜片，再放入芥蓝翻炒。
3. 最好加入虾仁拌炒均匀。

营养功效

芥蓝可补铁，虾仁通乳补血。

小提示

芥蓝菜有苦涩味，炒时加入少量糖和酒，可以改善口感。

黑芝麻糙米粥：帮助分泌乳汁

推荐容器：电饭煲

材料：糙米50克，黑芝麻、白糖各适量。

做法：

1. 糙米洗净沥干。
2. 锅中加水14杯煮开，放入糙米搅拌一下，待煮滚后改中小火熬煮45分钟，放入黑芝麻续煮5分钟，加白砂糖煮溶即成。

营养功效

补血通乳，帮助排出宿便，使体态轻盈又不失营养。

小提示

不管是煮粥还是煮饭，糙米对于产妇来说都是比较粗糙的，因此不宜多食。

第 4 节 调补产后贫血的药膳

虫草乌鸡汤：滋阴补气

推荐容器：砂锅

材料：冬虫夏草 5 克，乌骨鸡 1 只，生晒参、淫羊藿、黄芪、天花各 10 克，香菇 50 克，枸杞、红枣、黄酒、葱、生姜、盐、味精各适量。

做法：

1. 生晒参、淫羊藿、黄芪、天花粉装入纱布袋，加水浸泡 60 分钟；香菇、冬虫夏草浸泡洗净。
2. 将乌鸡宰杀，去毛、内脏洗净。乌鸡入锅前先用开水烫几分钟，除膻味。
3. 把以上各味一起放入砂锅内，加入黄酒、葱、生姜，用文火煲 2 小时，拣去药袋，加盐、味精调味即可。

营养功效

虫草乌鸡汤具有益气养血、温中散寒的作用，适合阳虚、血虚体质者食用。秋冬季节食用有助于改善冬季天寒面色暗滞。

专家点评

生晒参：生晒参具有大补元气，益血，养心安神的作用。生晒参能调节神经、心血管及内分泌系统，促进机体物质代谢及蛋白质和 RNA、DNA 的合成。

天花：天花为葫芦科植物瓜蒌的根，是一种中药，为清热泻火类药物，其具体功效是清热泻火，生津止渴，排脓消肿。能够帮助新妈妈愈合伤口。

小提示

乌鸡不宜用高压锅炖。

桂圆红枣乌鸡汤：增强机体造血功能

推荐容器：砂锅

材料：乌鸡 1 只，桂圆 50 克，红枣 10 颗，盐、生姜各适量。

做法：

1. 乌鸡洗净，斩块。
2. 水煮开后，放入乌鸡，煮去血水。
3. 把乌鸡捞起，放入砂锅中，砂锅中备好开水。
4. 红枣、桂圆洗净，与生姜片一同放入砂锅中，加入适量调味料。
5. 大火煮开后，改小火慢慢炖 1 个小时，香喷喷的补血、补气好汤就可以了。

营养功效

桂圆补气养血，搭配乌鸡，能预防贫血。

小提示

乌鸡不宜用高压锅炖。

黑木耳鸡汤：预防贫血

推荐容器：砂锅

材料：黑木耳 50 克，乌鸡 1 只，香菇 25 克，红枣 10 枚，葱、生姜、料酒、盐各适量。

做法：

1. 草鸡洗净切块，用水煮沸去浮沫。
2. 置于砂锅内加水、葱、生姜、料酒、红枣和洗净的黑木耳、香菇，用武火煮沸，文火炖煮至熟烂。
3. 加适量的盐调味即可，分次食用。

营养功效

黑木耳性平味甘，搭配乌鸡能增强补气生血作用。

小提示

黑木耳含有嘌呤类物质，因此痛风病患者不宜食用。

红枣百合雪耳汤：补气养血、调理气色

推荐容器：不锈钢锅

材料：银耳 20 克，红枣、百合、莲子、枸杞子、冰糖适量。

做法：

1. 银耳放入冷水中泡软，洗净取出，撕成小块；鲜百合剥片、洗净；枸杞泡水 5 分钟，捞出、沥干；红枣、莲子洗净备用。
2. 砂锅中注入水，依序放入银耳、红枣、莲子、鲜百合、枸杞。
3. 煲至 1 小时后放入适量冰糖，直至汤汁略微黏稠，银耳透明即可。

营养功效

红枣补气养血；百合清心安神；银耳润肺通气，搭配起来能够调理气色，补益身体。

专家点评

银耳：银耳，也叫白木耳、雪耳，有“菌中之冠”的美称。它既是名贵的营养滋补佳品，又是扶正强壮的补药。历代皇家贵族都将银耳看作是“延年益寿之品”“长生不老良药”。银耳性平无毒，既有补脾开胃的功效，又有益气清肠的作用，还可以滋阴润肺。

莲子：莲子的营养价值较高，含有丰富的蛋白质、脂肪和碳水化合物，莲子中的钙、磷和钾含量非常丰富，除可以构成骨骼和牙齿的成分外，还有促进凝血，使某些酶活化，维持神经传导性，镇静神经，维持肌肉的伸缩性和心跳的节律等作用。

小提示

在煲制过程中放入冰糖后要时常搅动汤汁，以免粘底。煲汤就是需要小火慢熬的时间才可以煲出好喝的汤。

乌鸡莼菜汤：补养气血

推荐容器：砂锅

材料：莼菜 100 克，乌鸡 1 只，党参 20 克，黄芪 15 克，枸杞 10 粒，葱、生姜、盐、黑胡椒、料酒各适量。

做法：

1. 乌鸡宰杀干净，斩去头、脚。
2. 将其斩成大块待用。
3. 将大块鸡肉放入沸水中加料酒汆烫。
4. 莼菜开瓶后，沥去莼菜原汁，用温水浸洗干净后捞出沥水。
5. 党参、枸杞、黄芪洗净，连同葱、生姜片下入沸水锅中煲 40 分钟，放入莼菜滚沸 3 分钟，下入盐、黑胡椒调味即可。

营养功效

滋补身体、调养气血。

小提示

莼菜性寒，不宜多食久食。

墨鱼仔烧肉汤：预防产后贫血

推荐容器：铁锅

材料：墨鱼仔 200 克，五花肉 300 克，胡萝卜 2 根，虾米 20 克，葱、香菜、白酱油、料酒、白糖、盐、八角、月桂叶、生姜片各适量。

做法：

1. 将带皮五花肉去毛。切成方块，放入沸水锅中汆烫，捞出备用。
2. 墨鱼仔解冻洗净，入热水中浸烫捞出，胡萝卜、葱洗净，切成细丝。
3. 锅内加 2 大匙油烧热，加入白糖炒出糖色，放五花肉翻炒上色，加料酒、酱油、盐、八角、生姜片继续翻炒，倒适量清水煮沸放月桂叶、虾子炖至入味，捡出月桂叶、八角，下墨鱼仔煮沸，撒葱丝、胡萝卜丝、香菜点缀即可。

营养功效

补气养血。

小提示

此汤不宜搭配酸性果汁。

紫菜瘦肉花生汤：辅助治疗贫血

推荐容器：不锈钢锅

材料：猪瘦肉300克，紫菜30克，西芹3根，花生30克，盐、胡椒粉、胡萝卜汁各适量。

做法：

1. 紫菜用冷水泡开，清洗干净。
2. 猪瘦肉洗净切块，西芹去老筋、皮，切丁备用。
3. 猪瘦肉块放入沸水中汆烫，捞出沥干。
4. 花生放入锅中，加清水煮熟去皮。
5. 锅中加8杯高汤烧沸，下入猪瘦肉块、胡萝卜汁、盐煮至熟透时，再加入西芹、花生、紫菜及调料煮至入味，出锅即可。

营养功效

补养气血、治疗贫血。

专家点评

紫菜：紫菜除了做汤，还有很多吃法，如凉拌，炒食，制馅，炸丸子，脆爆，作为配菜或主菜与鸡蛋、肉类、冬菇、豌豆尖和胡萝卜等搭配做菜等。

花生：花生中的维生素K有止血作用。花生红衣的止血作用比花生更高出50倍，对多种出血性疾病都有良好的止血功效。花生含有维生素E和一定量的锌，能增强记忆，抗老化，延缓脑功能衰退，滋润皮肤。

小提示

如果汤过于油腻，可将少量紫菜用火烤一下，然后撒入汤内，这样可减少汤的油腻感。

鱼豆腐粉丝菠菜汤：促进造血功能

推荐容器：不锈钢锅

材料：菠菜 100 克，鱼豆腐丸子 100 克，粉丝 30 克，葱花、盐、鸡精各适量。

做法：

1. 菠菜洗干净后，用沸水焯一下，然后切成段备用。
2. 锅中加入适量的水，放入鱼豆腐丸子。丸子煮熟后，再放入菠菜和粉丝。
3. 加入少量的盐、鸡精调味，出锅后撒上葱花即可。

营养功效

增强免疫力，增强机体造血功能。

小提示

菠菜不宜与黄瓜同食，因为菠菜中的维生素 C 会被黄瓜中的分解酶破坏。

芝麻核桃花生粥：益气养血

推荐容器：砂锅

材料：核桃仁150克，芝麻50克，花生100克，大米200克，清水、冰糖各适量。

做法：

1 将大米洗净水浸1小时。

2 将核桃仁、芝麻和花生混合用搅拌机打碎备用。

3 将米、核桃仁、芝麻及花生放入电砂锅中，加入水，煲1.5小时后加入冰糖继续煲半小时即可。

营养功效

补益气血，增加抵抗力。

小提示

吃鲜核桃时有的人喜欢将核桃仁表面的褐色薄皮剥掉，这样会损失掉一部分营养，所以不要剥掉这层薄皮。

桂圆红枣猪心汤：安神益智

推荐容器：砂锅

材料：猪心半个，桂圆20克，盐、生姜、红枣、料酒各适量。

做法：

1 锅里放水烧开，放生姜片，放料酒，猪心切薄片放进锅去焯水，洗干净。

2 把红枣、桂圆、生姜片和猪心放进炖盅，放水，隔水炖2个半小时，吃前放盐调味。

营养功效

益气补血、宁神益智。

小提示

猪心通常有股异味，如果处理不好，菜肴的味道就会大打折扣。可在买回猪心后，立即在少量面粉中“滚”一下，放置1小时左右，然后再用清水洗净，这样烹炒出来的猪心味美纯正。

核桃莴苣炖海参：补气血、壮元阳

推荐容器：砂锅

材料：核桃仁 30 克，莴苣头 100 克，海参 300 克，料酒 10 克，生姜 5 克，葱 10 克，盐 3 克，鸡精 2 克，胡椒粉 2 克，鸡油 30 克。

做法：

1. 将海参发透，去肠杂，切成 2 厘米宽、4 厘米长的条块；核桃仁去杂质，洗净；莴苣头去皮，洗净，切成 3 厘米见方的块；姜拍松，葱切段。
2. 将海参、核桃仁、莴苣、生姜、葱、料酒放入炖锅内，加入清水适量，置武火上烧沸，捞去浮沫，再用文火炖煮 35 分钟，加入盐、鸡精、胡椒粉、鸡油搅匀即成。

营养功效

补气血、壮元阳，适宜新妈妈气血不足，脑力衰退可多食用。

专家点评

核桃仁：核桃仁含胡桃油的混合脂肪饮食，可使体重增长，人血白蛋白增加，而血胆固醇水平升高却较慢，故核桃是难得的一种高脂肪性的补养品。核桃仁还有抑菌消炎的作用。核桃仁的油脂有利于润泽肌肤，保持人体活力。

海参：海参补元气，滋益五脏六腑，除三焦火热。同鸭肉烹食，可以治愈劳怯虚损等疾，同鸭肉煮食，治肺虚咳嗽。孕妇吃了可以减少妊娠纹。

小提示

发好的海参不能久存，最好不超过 3 天，存放期间用凉水浸泡上，每天换水 2 ~ 3 次，不要沾油，或放入不制冷的冰箱中。

低脂罗宋汤：生津活血

推荐容器：砂锅

材料：牛肉300克，土豆1个，芹菜梗2根，胡萝卜2根，番茄2个，番茄酱、料酒、盐各适量。

做法：

1. 牛肉、胡萝卜、番茄、土豆、芹菜均切丁。
2. 将牛肉丁飞水后捞出。
3. 锅中加水，下牛肉丁炖软后下胡萝卜丁煮约5分钟。
4. 下土豆丁煮约5分钟。
5. 再下番茄酱、番茄丁、芹菜丁、盐，煮约5分钟。

营养功效

补气养血的传统食物。

小提示

发了芽的马铃薯，它会使人出现呕吐、恶心、腹痛、头晕等中毒症状，严重者甚至会死亡。

第5节 赶走产后抑郁的药膳

珍珠三鲜汤：温中益气、清热除烦

推荐容器：砂锅

材料：鸡肉脯50克，豌豆50克，番茄1个，鸡蛋清1个，牛奶25克，淀粉25克，料酒、食盐、味精、高汤、麻油各适量。

做法：

1. 鸡肉剔筋洗净剁成细泥；25克淀粉用牛奶搅拌；鸡蛋打开去黄留清；把这三样放在一个碗内，搅成鸡泥待用。
2. 番茄洗净开水滚烫去皮，切成小丁；豌豆洗净备用。
3. 炒锅放在大火上倒入高汤，放盐、料酒烧开后，下豌豆、番茄丁，等再次烧开后改小火。
4. 把鸡肉泥用筷子或小勺拨成珍珠大圆形小丸子，下入锅内，再把火开大待汤煮沸，入水淀粉，烧开后将味精、麻油入锅即成。

营养功效

温中益气、补精填髓、清热除烦。

专家点评

豌豆：豌豆可作主食，豌豆磨成豌豆粉是制作糕点、豆馅、粉丝、凉粉、面条、风味小吃的原料，豌豆的嫩荚和嫩豆粒可菜用也可制作罐头。豌豆搭配玉米可以起到蛋白质互补作用；淡煮常吃可防治气血虚弱。

番茄：番茄的品质要求：一般以果形周正，无裂口、无虫咬，成熟适度，酸甜适口，肉肥厚，心室小者为佳。宜选择成熟适度的番茄，不仅口味好，而且营养价值高。

小提示

肥胖或胃肠较弱、担心患糖尿病的新妈妈宜多食。

海米拌油菜：促进食欲，预防产后抑郁

推荐容器：砂锅

材料：油菜 250 克、海米 15 克、盐 15 克、酱油 10 克、醋 10 克、葱花 10 克、生姜末 5 克、香油 1 汤匙。

做法：

1. 先将油菜择洗干净，直刀切成 1.5 厘米长段，下开水锅焯熟，捞出控去水分，用盐调拌均匀，装入盘子里。
2. 将海米泡开，直刀切成小块，与油菜段拌在一起。最后将酱油、醋、香油、葱花、生姜末调成汁，浇在菜里，调拌均匀即可。

营养功效

补充维生素，赶走不良情绪。

小提示

吃剩的熟油菜过夜后就不要再吃，以免造成亚硝酸盐沉积，易引发癌症。

香菇豆腐：促进机体活性

推荐容器：蒸锅

材料：豆腐 300 克，香菇 3 只，榨菜、酱油、糖、香油、淀粉各适量。

做法：

1. 将豆腐切成四方小块，中心挖空。
2. 将洗净泡软的香菇剁碎，榨菜剁碎，加入调味料及淀粉拌匀即为馅料。
3. 将馅料酿入豆腐中心，摆在碟上蒸熟，淋上香油、酱油即可食用。

营养功效

香菇可降低胆固醇，豆腐有利减肥并且能赶走不良情绪。

小提示

优质豆腐呈均匀的乳白色或淡黄色，稍有光泽，具有香味且口感细腻鲜嫩，味道纯正。

冬笋雪菜鲢鱼汤：安神宁心

推荐容器：不锈钢锅

材料：冬笋、雪菜、肥肉各 30 克，鲢鱼 1 条，葱、生姜、花生油、香油、清汤、料酒、胡椒面、食盐、味精各适量。

做法：

1. 先将鲢鱼去鳞，除内脏，洗净，冬笋发好，切片，把雪菜洗净，切碎；猪肉洗净，切片备用。
2. 将花生油下锅烧热，放入鱼两面各煎片刻；然后锅中加入清汤，放入冬笋、雪菜、肉片、黄鱼和佐料，先用武火烧开，后改用文火烧 15 分钟，再改用武火烧开，拣去葱、生姜，撒上味精、胡椒面，淋上香油即成。

营养功效

补气开胃、填精安神，适用于体虚食少和肺结核，以及手术后病人的营养滋补。

专家点评

雪菜：雪菜含有大量的抗坏血酸，是活性很强的还原物质，参与机体重要的氧化还原过程，能增加大脑中氧含量，激发大脑对氧的利用，能帮助新妈妈醒脑提神，解除疲劳。

胡椒：胡椒子中含有一种名为“胡椒碱”的物质，该物质具有防止乳腺癌的功效。胡椒与生姜黄（咖喱粉）搭配，其抗癌功效会更强。

小提示

冬笋性寒，体寒的新妈妈不宜多吃。

木瓜椰汁西米露：提神养气

推荐容器：不锈钢锅

材料：木瓜 250 克，椰子粉 2 包，西米 50 克，白糖适量。

做法：

1. 将水煮沸后放入西米煮 5 分钟，熄火焖 20 分钟至透明，隔水待用。
2. 锅里重新倒入水烧开，放入木瓜煮熟，加入白糖，倒入已经透明的西米煮开，关火。
3. 加入椰子粉搅拌均匀。

营养功效

开胃助消化，提神养气。

小提示

将西米倒入煮沸的开水中，要不停地搅拌西米，煮 10 ~ 15 分钟直到发现西米已变得透明或西米粒内层无任何乳白色圆点，则表明西米已煮熟。

可乐鸡翅：赶走不良情绪

推荐容器：铁锅

材料：鸡翅6个，大葱、生姜、丁香、八角、花椒、桂皮、老抽、可乐、白糖、盐各适量。

做法：

1. 锅中倒入水大火煮沸后，放入鸡翅焯烫2分钟后捞出，用清水洗净鸡翅表面的浮沫后，沥干备用。大葱切段，生姜去皮切片。
2. 锅中倒入油，大火加热至4成热时，放入丁香，八角，花椒，桂皮等。
3. 把鸡翅倒入锅中，翻炒1分钟后，倒入可乐和清水，再倒入老抽搅匀后，盖上盖子改成中火，焖煮20分钟。
4. 打开盖子，调入盐，改成大火，煮约3分钟，待汤汁黏稠即可。

营养功效

开胃提神，赶走不良情绪。

小提示

烹调翅膀肉时，应以慢火烧煮，才能发出香浓的味道，而翅膀中胶原蛋白等成分，也必须以长时间烧煮才可溶化。

糖醋排骨：预防产后抑郁

推荐容器：铁锅

材料：小排 500 克，料酒、生抽、老抽、香醋、糖、盐、味精、芝麻各适量。

做法：

1. 小排 500 克焯水后，煮 30 分钟，肉汤可以煮面条，别倒掉了。
2. 小排用酒、生抽、老抽、香醋腌渍 20 分钟。
3. 捞出排骨控水，入油锅炸至金黄色。为了省油，可以少放油，只要勤翻动排骨即可。
4. 锅内放排骨，腌排骨的水，三汤勺白糖。半碗肉汤大火烧开，调入半茶匙盐提味。
5. 小火焖 10 分钟大火收汁，收汁的时候加一汤匙香醋。

营养功效

酸甜可口，容易消化，预防产后抑郁。

专家点评

生抽：生抽是酱油中的一个品种，是以大豆、面粉为主要原料，人工接入种曲，经天然露晒，发酵而成的。生抽主要是用来调味，颜色淡，做一般的炒菜或者凉菜的时候用得比较多。

芝麻：芝麻有养血的功效，可以防止新妈妈皮肤干枯、粗糙。芝麻搭配桑葚降血脂；搭配冰糖润肺、生津；搭配柠檬红润脸色，预防贫血。

小提示

不论做什么糖醋菜肴，只要按 2 份糖，1 份醋的比例调配，便可收到甜酸适度的效果。

葡萄干苹果薏米粥：清心提神

推荐容器：电饭煲

材料：苹果、葡萄干、薏米适量。

做法：

1. 将苹果洗净，去皮（如果喜欢吃皮，可以不去），切成小块。
2. 薏米用冷水浸泡30分钟，葡萄干洗净，与苹果一起放入沸水中，熬至黏稠即可。最后放入冰糖调味。

营养功效

增强免疫力，清心提神。

小技巧

薏米冷水浸泡。熬粥前先将米用冷水浸泡30分钟，让米粒充分膨胀，这样可以缩短熬煮时间，并且熬出的粥更黏稠，口感香糯。

海带蛋花豆腐汤：增强食欲、调理心情

推荐容器：砂锅

材料：豆腐200克，海带50克，鸡蛋2个，酱油、盐、味精、胡椒粉、香油、生姜、香菜、淀粉各适量。

做法：

1. 将鸡蛋打在碗内搅匀。
2. 豆腐切成丝备用。
3. 锅上火倒入高汤，加入精盐、酱油、味精、海带丝、豆腐煮沸。
4. 用湿淀粉勾芡，淋入鸡蛋液，加胡椒粉、香菜段，淋香油即可。

营养功效

补充蛋白质矿物质，促进食欲。

小提示

豆腐不宜与菠菜、香葱一起烹调，会生成容易形成结石的草酸钙。

白菜萝卜汤：预防产后抑郁

推荐容器：不锈钢锅

材料：大白菜叶子 2 片，白萝卜、胡萝卜各 80 克，豆腐 200 克，香菜末、盐、味精、辣椒酱适量。

做法：

①将大白菜、白萝卜、胡萝卜与豆腐洗净，切成大小相仿的长条，在沸水中焯一下捞出待用。

②锅置火上，放入适量油烧至五成热，炒香辣椒酱后倒入清汤，把白萝卜、胡萝卜、豆腐一起放入锅中。大火煮开后加入大白菜，再次煮开，用盐、味精调味，最后撒上香菜末盛出即可。

营养功效

本汤具有解渴利尿、清热明目、通利二便、收敛消肿、解毒止痢、抗炎止血等功效。

专家点评

白菜：大白菜适宜脾胃气虚、大小便不利，尤其是大便燥结的新妈妈食用。将白菜叶贴脸可减少脸部的粉刺生长。

白萝卜：白萝卜搭配豆腐能够健脾养胃、下食除胀；搭配牛肉健脾消食；搭配鸡肉有利于营养素的消化吸收。

小提示

也可将此汤内加入面条，做成一道营养美味的主食。

虾仁炒韭菜：补血养血、清新开胃

推荐容器：铁锅

材料：韭菜 250 克，鲜虾 150 克，葱、生姜、料酒、盐、香油适量。

做法：

1. 将韭菜洗净，切成 3 厘米长的段；鲜虾剥去壳，洗净；葱切成段；生姜切成片。
2. 锅里放油烧热后，先将葱、生姜下锅煸香，再放虾和韭菜，烹料酒，连续翻炒至虾熟透，放盐，起锅装盘淋入香油即可。

营养功效

清香味美、补血养血、清新开胃。

小提示

韭菜忌多食，多食会上火。隔夜的熟韭菜不宜再吃。韭菜不宜与蜂蜜、牛肉同食。

香蕉百合银耳汤：养阴润肺

推荐容器：不锈钢锅

材料：干银耳 15 克、鲜百合 120 克、香蕉 2 根、枸杞 5 克、冰糖适量。

做法：

1. 干银耳泡水 2 小时，捡去老蒂及杂质后撕成小朵，加水 4 杯入蒸笼蒸半个小时取出备用。
2. 新鲜百合拨开洗净去老蒂。
3. 香蕉洗净去皮，切小片。
4. 将所有材料放入炖盅中，加调味料入蒸笼蒸半个小时即可。

营养功效

养阴润肺、生津整肠以及缓解失眠和紧张情绪。

小提示

此汤尤其适合秋季生产的新妈妈食用。

第 6 节　消除产后恶露难尽的药膳

黄芪猪肝汤：排出恶露

推荐容器：不锈钢锅

材料：猪肝 200 克，米酒 150 毫升，菠菜 100 克，生姜、麻油、当归、黄芪、丹参、生地黄各适量。

做法：

1. 当归、黄芪、丹参、生地黄洗净，加 3 碗水，熬取药汁备用。
2. 麻油加葱爆香后，入猪肝炒半熟，盛起备用。
3. 将米酒、药汁入锅煮开，入猪肝煮开，再放入切好的菠菜煮开，适度调味即可。

营养功效

此汤有补益血气、益肝明目、利水消肿等功效。当归补血、黄芪补气，丹参活血通经，生地黄清热凉血，而生姜、酒、麻油均温热行气，猪肝、菠菜补血，所有材料合用既补血又活血。适于产后气虚血少、乳汁分泌不足的妇女食用。也适宜气血虚弱的癌症患者食用。

专家点评

菠菜：在吃菠菜前，可先用开水烫一下或用水煮一下，然后再凉拌、炒食或做汤，这样既可保全菠菜的营养成分，又除掉了 80% 以上的草酸。

当归：当归味甘、辛、微苦，性温，具有补血、活血、调经止痛、润肠通便的功效。

小提示

猪肝常有一种特殊的异味，烹制前，首先要用水将肝血洗净，然后剥去薄皮，放入盘中，加放适量牛乳浸泡，几分钟后，猪肝异味即可清除。

扬枝甘露：排出恶露

推荐容器：不锈钢锅

材料：熟西谷米 60 克，葡萄柚 1/2 个，杧果 4 个，椰奶 100 毫升，鲜奶油 100 克，细砂糖适量。

做法：

1 将细砂糖放入碗中，冲入热开水搅拌至完全溶解，放凉备用。

2 将葡萄柚洗净去皮，剥出果肉弄散备用。

3 杧果洗净，去皮及核后取一半果肉挖成小球备用。

4 将做法 3 剩下的一半杧果果肉切小块，放入果汁机中，加入细砂糖搅打成果汁泥，再加入鲜奶油续打 30 秒钟，倒出加入椰奶拌匀备用。

5 将以上所有材料放入大碗中，加入熟西谷米拌匀，移入冰箱冷藏至冰凉即可。

营养功效

清爽可口，帮助排出恶露。

小提示

适量加入蜂蜜口感更佳。

黄芪鲈鱼汤：补虚助力

推荐容器：砂锅

材料：鲈鱼 1 只，米酒 50 毫升，黄芪，红枣、枸杞、生姜片各适量。

做法：

1. 鲈鱼洗净切 3 段备用。
2. 锅内加水 3000 毫升大火煮沸加鲈鱼以外的材料，约煮 20 分钟。
3. 放入鲈鱼煮沸转中 5 ~ 6 分钟，起锅加米酒 1 小匙。

营养功效

适用于产后痛经，恶露不绝的新妈妈。

专家点评

鲈鱼：鲈鱼可治产生少乳等症，准妈妈和生产妇女吃鲈鱼是一种既补身，又不会造成营养过剩而导致肥胖的营养食物，是健身补血、健脾益气和益体安康的佳品。

枸杞：枸杞含甜菜碱、胡萝卜素、玉蜀黍黄素、烟酸、维生素 B_1、维生素 B_2、维生素 C、钙、磷、铁、亚油酸及多种氨基酸，是补肾之剂。性味平和，滋阴养血，益睛明目。还能有效调养新妈妈身体。

小提示

烹制鲈鱼时，先把内脏除去，清洗干净后再进行烹调。

红枣木耳瘦肉汤：清热解毒、排出恶露

推荐容器：不锈钢锅

材料：瘦猪肉300克，红枣20颗，黑木耳30克。

做法：

①先将黑木耳用清水浸开，洗净。红枣洗净。瘦猪肉洗净，切片，用调味品腌10分钟。

②然后将黑木耳、红枣放入锅内，加适量清水，文火煲沸20分钟后，放入瘦猪肉片煲至熟，调味供用。

营养功效

帮助排出恶露。

小提示

红枣不宜与维生素、动物肝脏、退热药、苦味健胃药及祛风健胃药同时食用。

萝卜番茄汤：改善恶露不尽

推荐容器：铁锅

材料：胡萝卜2根，番茄2个，鸡蛋2个，生姜丝、葱末、花生油、盐、味精、白糖各适量。

做法：

①胡萝卜、番茄去皮切厚片。

②热锅下油，倒入生姜丝煸炒几下后放入胡萝卜翻炒几次，注入清汤，中火烧开，待胡萝卜熟时，下入番茄，调入盐、味精、白糖，把鸡蛋打散倒入，撒上葱花即可。

营养功效

番茄有清热解毒的作用，所含胡萝卜素及矿物质是缺锌补益的佳品。

小提示

新妈妈不要生吃胡萝卜，生吃胡萝卜不易消化吸收，且90%胡萝卜素将不被人体吸收而直接排泄掉。

绿豆鲜果汤：辅助治疗恶露难断

推荐容器：不锈钢锅

材料：水蜜桃 50 克，菠萝 50 克，枇杷 30 克，绿豆汤、蜂蜜各适量。

做法：

1. 水蜜桃、枇杷去皮、去核，菠萝去皮，与绿豆汤一起用食物加工机搅打成汁。
2. 上述汁液加蜂蜜，与冰块混合后，即可。

营养功效

适用于产后恶露难绝。

小提示

菠萝此汤和蜂蜜不能同时食用。

牛奶菜花：预防骨质疏松

推荐容器：不锈钢锅

材料：菜花 400 克，牛奶、鲜汤、精盐、味精、葱花、湿淀粉、花生油各适量。

做法：

①将菜花清洗干净，掰成小朵，放入沸水锅中焯一下，捞出沥干水分备用。

②炒锅上火烧热，放入适量的花生油，放入葱花炒出香味。

③加入适量的鲜汤烧开后，放入菜花烧几分钟，加精盐、味精、牛奶、转小火烧片刻，用湿淀粉勾芡，淋在菜花上，搅拌均匀即可出锅上盘。

营养功效

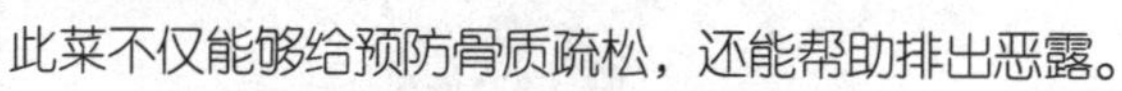

此菜不仅能够给预防骨质疏松，还能帮助排出恶露。

专家点评

菜花：花椰菜的维生素 C 含量极高，不但有利于人的生长发育，更重要的是能提高人体免疫功能，促进肝脏解毒，增强人的体质，增加抗病能力，提高人体机体免疫功能。

花生油：用花生油炒菜，在油加热后，先放盐，在油中爆约 30 秒，可除去花生油中可能存在的黄曲霉素。

小提示

为了减少维生素 C 和抗癌化合物的损失，先将菜花用沸水焯一下，再急火快炒。

五加皮龙骨汤：适用于子宫恢复

推荐容器：砂锅

材料：猪背骨 300 克，五加皮 20 克，盐适量。

做法：

1. 猪背骨洗净，切块。
2. 将猪背骨放入开水中焯一下。
3. 将猪背骨、五加皮放入砂锅，加水炖煮 3 小时。
4. 最后加入盐调味即可。

营养功效

五加皮能够祛风湿、壮筋骨、活血祛瘀。猪骨能够舔精益髓，预防骨质疏松。

小提示

阴虚火旺的新妈妈不宜食用。

鸡子羹：对症调理恶露不净

推荐容器：不锈钢锅

材料：鸡蛋 1 个，阿胶 30 克，甜酒适量。

做法：

1. 将阿胶碾碎，放在锅内炒，加入甜酒和少量水，用文火煎煮。
2. 待阿胶煮化后，将鸡蛋打碎调匀，放入盐少许，然后倒入阿胶内，煮成羹。

营养功效

滋阴补血，产后血虚，恶露不净。

小提示

吃完鸡蛋后不要立即饮茶。

第 7 节 预防乳腺炎的药膳

海带猪蹄汤：预防乳腺疾病

推荐容器：砂锅

材料：猪蹄 2 只，干海带 300 克，大葱、生姜、枸杞各适量。

1. 将猪蹄从中间一开二，然后再斩成大块。
2. 大葱切葱段、生姜切片。
3. 将猪蹄冷水下锅，焯一下，水开后大约 5 分钟，关火捞出控水。
4. 炒锅上火烧热，倒入色拉油，油温 6 成热时把葱生姜放入爆香，立即将猪蹄放入，翻炒几下，烹入适量的花雕酒。
5. 此时将炒锅中的猪蹄倒入已经准备好的汤煲中，加入热水，水量以没过猪蹄为宜。
6. 大火煲 40 分钟，随时撇去浮沫。随后将海带和枸杞放入，开大火继续煲 30 分钟。

营养功效

补充胶原蛋白，预防乳腺疾病。

专家点评

海带：海带中所含的碘可以能够刺激垂体，使新妈妈体内雌激素水平降低，恢复卵巢正常机能，改善内分泌失调，消除乳腺增生和乳腺炎的隐患。

大葱：葱买回来可以把它切碎放在盒子里，底下铺一张纸巾放入冰箱，因冰箱有干燥作用，可以去除葱的水分变成干葱，使用时只要用油加热炒香就能恢复效果。

小提示

海带性寒，脾胃虚寒的新妈妈忌食。

蒲公英粥：改善食欲不振

推荐容器：电饭煲

材料：蒲公英 50 克，粳米 50 克。

做法：

1. 将蒲公英择净，放入锅中，加清水适量，浸泡 5 ~ 10 分钟后，水煎取汁。
2. 再加大米煮粥，待粥熟时调入粥中，加入白糖，再煮沸即成。

营养功效

适用于急性乳腺炎，乳房肿胀疼痛，急性扁桃体炎，疔疮热毒，泌尿系感染，传染性肝炎，胆囊炎，上呼吸道感染、热结便秘等。

小提示

蒲公英用量不宜过多，过多易致缓泻。

肉末四季豆：保护乳房

推荐容器：铁锅

材料：四季豆 250 克，猪肉末 150 克，蒜 5 克，葱 5 克，酱油 15 克，豆瓣辣酱 20 克，白砂糖 2 克，盐 2 克，香油 1 克，植物油 30 克。

做法：

1. 四季豆洗净，去筋、去两头后对折。
2. 蒜、葱分别洗净切末、花备用。
3. 起油锅，将四季豆炸至微软捞起，接着重新热油锅再炸一次，让四季豆表皮变皱。
4. 另起一个锅倒植物油烧热，爆香蒜末。
5. 放入猪肉末与酱油、辣豆瓣酱、白糖、盐拌匀。
6. 炒香后，将四季豆放入炒匀，最后淋上香油，撒上葱花即可。

营养功效

四季豆含的类黄酮可预防突变，保护乳腺健康。

小提示

炒四季豆时，要注意火候，如火候不够，吃了有豆腥味和生硬感，会引起食物中毒，故一定要炒熟煮透。

蛤蜊豆腐火腿汤：预防乳腺疾病

推荐容器：不锈钢锅

材料：蛤蜊250克，豆腐200克，火腿肉50克，葱、生姜、高汤、盐、白胡椒粉各适量。

做法：

1. 蛤蜊用冷水淘洗几次，放入清水中静置2小时吐净泥沙备用。
2. 热锅，把培根肉切小块放入锅中煸出香味，再放入葱生姜一起爆香。
3. 倒入一碗高汤大火煮开，放入切块的豆腐煮开，再放入蛤蜊，中火加盖煮5分钟。
4. 最后调入盐和白胡椒粉即可。

营养功效

滋阴利尿、补脾益胃。

专家点评

蛤蜊：人们在食用蛤蜊和贝类食物后，常有一种清爽宜人的感觉，这对解除一些烦恼症状无疑是有益的。

豆腐：用刀将豆腐切成几块再仔细观察切口处，最后用手轻轻按压，以试验具弹性和硬度。优质豆腐块形状完整，软硬适度，富有一定的弹性，质地细嫩，结构均匀，没有杂质。

小提示

水中放少许麻油能够促使蛤蜊尽快吐沙。

橙汁酸奶：赶走抑郁情绪

推荐容器：不锈钢锅

材料：鲜橙 1 个，酸奶 200 毫升，蜂蜜适量。

做法：

将鲜橙去皮核，取肉，搅打成汁，与酸奶、蜂蜜搅匀即成。

营养功效

酸奶能够改善肠胃消化功能，抑制有害物质如酚吲哚及胺类化合物在肠道内产生和积累，因而能防止细胞老化，使皮肤白皙而健康。

小提示

脾胃虚寒腹泻者及糖尿病患者忌饮。

木瓜牛奶露：调节情绪

推荐容器：不锈钢锅

材料：木瓜 1 个，鲜奶 200 毫升，椰汁、糖、玉米粉各适量。

做法：

1. 木瓜去核去皮切粒。
2. 用两杯清水加糖煮滚，然后放入木瓜粒，再加入鲜奶、椰汁，用慢火煮滚。
3. 用小半杯水开匀玉米粉，逐步加入奶露中，煮至成稠状即可。

营养功效

常食用木瓜制作的食品可使皮肤光滑。

小提示

挑木瓜的时候手感沉的木瓜一般还未完全成熟，口感有些苦。手感很轻的木瓜果肉比较甘甜。

番茄卷心菜牛肉：预防炎症

推荐容器：铁锅

材料：牛肉250克，番茄、卷心菜各150克，料酒3克，精盐4克，味精1克，猪油10克。

做法：

1 番茄洗净，切成方块；卷心菜择洗干净，切成薄片；牛肉洗净，切成薄片。

2 锅置火上，放入牛肉，加清水至没过牛肉为度，旺火烧开，将浮沫撇去，然后放入猪油、料酒，烧至牛肉快熟时，再将番茄、卷心菜倒入锅中，炖至菜熟，加入精盐、味精再略炖片刻，即可食用。

营养功效

补充维生素和矿物质，增强体内抗氧化物质。

专家点评

牛肉：将生姜捣碎取汁，生姜渣留做调料用，将生姜汁拌入切好的牛肉中，每500克牛肉加1汤匙生姜汁，在常温下放置1小时后即可烹调，可使肉鲜嫩可口，香味浓郁。

卷心菜：卷心菜是一种天然的防癌食品，能抑制体内致癌物的形成，还能清除体内产生的过氧化物，保护正常细胞不被致癌物侵袭。

小提示

优质卷心菜相当坚硬结实，拿在手上很有分量，外面的叶片为绿色并且有光泽。

菱角玉竹粥：活血行瘀

推荐容器：电饭煲

材料：菱角 15 克，诃子 9 克，红花 3 克，玉竹 15 克，粳米 100 克。

做法：

1. 先将前 4 种食材 淘洗，加水煎取汁液。
2. 再与淘洗干净的粳米一同煮粥。

营养功效

清暑解热、活血行瘀及预防乳腺疾病。

小提示

鲜果生吃过多易损伤脾胃，宜煮熟吃。

拌裙带菜：预防乳腺炎

推荐容器：铁锅

材料：鲜裙带菜 200 克，精盐、味精、酱油、醋、白糖、生姜丝、麻油、辣椒酱各适量。

做法：

1. 将鲜裙带菜洗净，去泥沙杂物，入沸水汆一下，捞出沥净水，放入盆内。
2. 加入精盐、味精、酱油、醋、白糖、生姜丝拌匀腌制 20 ~ 30 分钟，捞出装盘，淋上麻油，调上辣椒酱即可。

营养功效

预防乳腺疾病及糖尿病、便秘等症。

小提示

海水中的鱼贝类体中含有大量的矿物质和降低血压的有效物质。如果将这些鱼贝类与裙带菜一起食用，可以大大地提高裙带菜的药效。

凉拌茄子：去肿消炎

推荐容器：不锈钢锅

材料：长茄子 2 根，红辣椒 1 个，葱、蒜泥、酱油、香油、醋各适量。

做法：

1. 红辣椒洗净，去子切丝；葱洗净切末；调味料拌匀待用。
2. 茄子洗净对半切开，入蒸锅蒸 7 ~ 8 分钟，取出放凉后，用手撕成条状。
3. 将茄子、红辣椒丝、蒜泥、葱末与调味料一起拌匀至入味即可。

营养功效

抗氧化、去肿消炎。

小提示

蒸茄子的时候要注意让茄子皮在下，肉在上。这样蒸出来的茄子才不至于太软烂。

鱼香肉丝：补养气血

推荐容器：铁锅

材料：猪肉200克，青椒30克，胡萝卜15克，辣椒、生姜、葱、蒜、白糖、酱油、醋、油、淀粉、盐各适量。

做法：

1. 胡萝卜洗净切丝，青椒洗净切丝。
2. 生姜、葱、蒜切末，辣椒洗净去子，切成碎末，淀粉加水调成湿粉备用。
3. 瘦猪肉切成5厘米左右的细肉丝，加入盐和调好的水淀粉，抓匀。
4. 再以水淀粉和白糖、酱油、醋，调成调味汁，备用。
5. 锅中放油，开大火烧热，放入干辣椒爆香后，下入肉丝翻炒片刻，再加入青椒丝、胡萝卜丝、生姜、葱、蒜等，以大火快炒。
6. 等肉丝炒熟后，兑入刚才调好的调味汁勾芡，炒匀后即可出锅。

营养功效

养血益气、促进食欲以及预防乳腺疾病。

专家点评

胡萝卜：胡萝卜素能增强人体免疫力，有抗癌作用，并可减轻癌症病人的化疗反应，对多种脏器有保护作用。妇女食用胡萝卜可以降低卵巢癌的发病率。胡萝卜中的木质素也能提高机体免疫机制，起到预防乳腺炎的功效。

盐：盐有发汗的作用，它可以排出体内的废物和多余的水分，促进皮肤的新陈代谢，还可以软化污垢、补充盐分和矿物质。

小提示

最好用里脊肉，斜着切丝。炒肉丝时火要旺一些，让肉丝在短时间内煸熟。

缤纷酸奶水果沙拉：预防乳腺增生

推荐容器：玻璃碗

材料：梨、苹果、杧果各1个，圣女果6个，香瓜、黄瓜、酸奶、沙拉酱各适量。

做法：

1. 将上述六种果蔬洗净，香瓜、杧果去皮。
2. 将梨、苹果、杧果、香瓜切丁；圣女果对半切开；黄瓜切片。
3. 将所有切好的果蔬放入玻璃碗中，再加入酸奶和沙拉酱，轻轻搅拌均匀即可。

营养功效

清爽可口，扫除不良情绪，帮助预防乳腺增生。

小提示

如果想更多地补充水分，可再加入些西瓜。

新生儿喂养常见问题

第 1 节 新生儿常见哺乳问题

什么时候开奶

在产后半小时开奶。早开奶也有利于母亲子宫收缩，使子宫加速“复旧”，有助于产后出血停止。

产后婴儿吸吮力弱，加上乳腺口尚未完全张开，没有形成流畅的通道，婴儿吸奶的头几口很费力，甚至哭闹，但吸着吸着乳腺口开通了，乳汁就流畅分泌出来了。尽管产后乳汁量少，但也足够满足出生不久的婴儿需要。随着乳汁分泌增多，吸吮不费力，婴儿很快可以安静下来。因此，尽早给婴儿开奶，可促使乳汁分泌，并保持乳汁充足。

应在什么时候开奶呢？世界卫生组织和联合国儿童基金会 1989 年就指出：要帮助母亲在产后半小时内开奶。因为首哺用了橡皮奶头，婴儿再难适应母亲的乳头。早开奶也有利于母亲子宫收缩，使子宫加速“复旧”，有助于产后出血停止。

正确的哺乳姿势有哪些

（1）搂抱（轻松且常用的姿势）。

（2）交叉搂抱、垂直搂抱或中间姿势（宝宝头下垫上东西，有助于宝宝含住乳头。适合于早产儿或吮吸能力弱或含乳头有困难的小宝宝）。

（3）紧抱或“像抱橄视球一样”（可让妈妈看到并控制宝宝的头部，适合于乳房较大或乳头内陷而非凸出或扁平的妈妈）。

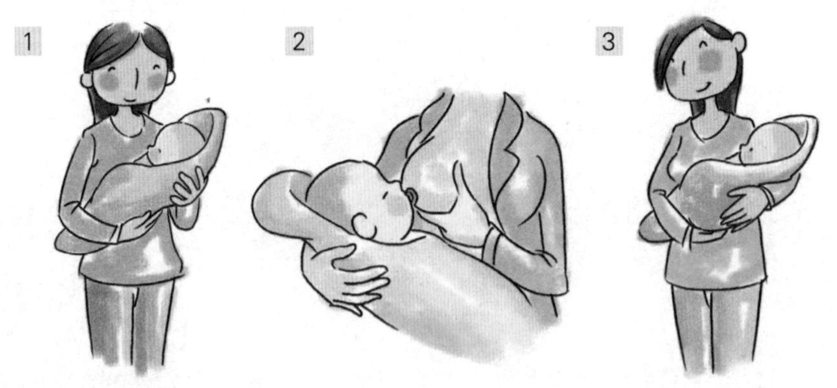

按时哺乳还是按需哺乳

现今提倡母婴同室，按需哺乳。生后 30 分钟内让宝宝吸吮第一口奶，既可预防新生儿低血糖的发生，又可促进母乳分泌，按需哺乳有利于宝宝的生长发育，有利于宝宝的营养补给，又能通过较频繁的吸吮刺激脑下垂体分泌更多的催乳素，使奶量不断增多，同时也避免母亲不必要的紧张和焦虑。

1. 新生儿期（出生 28 天内）就是要按需哺乳的

新生儿不要定时，随时随地都可以喂。当孩子饥饿性啼哭时，即予哺乳；新生儿睡眠超过 3 小时，可唤醒哺乳。产妇乳汁越吃越多，孩子吃饱后，睡眠时间逐渐延长，自然会形成规律。按需哺乳，不计次数，这种经常性的吮吸可刺激母体内催乳素的分泌，使乳汁分泌得快些、多些。另外，按需哺乳还可预防母亲奶胀，并使孩子身高和体重的增长明显优于定时哺乳的孩子。

2.2 个月以后就要定时定量

定时具体这样做，若上一顿吃母乳就间隔 3 小时，奶粉 4 小时，混合喂养的 3.5 小时。

定量具体做法是这样的，假设你的宝宝现在的标准奶量为 120 毫升，在清洁双手和奶头卫生后，依次把两个乳房内的奶全挤出来，如果母乳不到 120 毫升，看还差多少，再用配方奶粉补上所差的奶量，直至宝宝吃饱推开奶嘴。

3.5 至 6 个月婴儿的哺乳定量

从这个月起，婴儿白天睡眠比上月减少，一般上午睡一两小时，下午睡两三小时。夜晚甚至可一觉睡到天明。故应加强白天喂奶。每隔 4 小时喂奶 1 次，每日 5 次。时间安排：上午 6 时、10 时，下午 2 时、6 时，夜间 10 时。每次奶量 120 至 220 毫升。白天交替喂温开水、果汁、菜汤，每次 100 毫升。如果孩子见父母吃饭时，小手伸出来，嗒嗒嘴巴想吃东西，可以考虑给孩子吃奶以外的食物，如煮烂的米粥、薯泥、鱼肉。可在上午 12 时，下午 6 时喂食，或父母吃饭时试喂一点儿果汁、菜水等交替供给。

哺乳妈妈可以吃药吗

由于大自然的合理安排，一般母亲如果自我摄养得当，在哺乳期间不易得病，有些小病自身会很快调理过来，身体似乎比以往还健康。但也不能排除得病的可能性。那么，哺乳期间乳母可以吃药吗？哪些药会对婴儿健康造成不可弥补的伤害、必须禁止服用？

原则是哺乳母亲最好不服药，必须服药时，一定要慎重、要在医生的指导下服用，还要考虑药物在乳汁中的浓度及可能对婴儿带来的影响。

各种药物在母亲乳汁中的浓度不同，其对婴儿的影响也会不同。一般来说，大部分药物在乳汁中的浓度会很低，少量服用不会对婴儿有什么副作用，但母亲如果患急性或严重疾病需大量用药时，最好考虑暂停哺乳。如果母亲患有严重慢性病需长期服药，则最好向医生咨询看是否能继续哺乳。

婴儿体质稚嫩，许多脏器还在迅猛的生长发育阶段，对各类药会十分敏感。比如母亲服用四环素类药会影响婴儿的肾脏功能，影响其骨骼和牙齿的生长，使牙齿永久着色。服用青霉素、卡那霉素等抗生素类药可能会对婴儿听觉神经造成永久性不可逆转的损害，使婴儿一辈子耳聋；服用红霉素、氯霉素、合霉素，可能会抑制新生儿的造血功能；服用磺胺类药如复方新诺明等，可能会使新生儿出现贫血或黄疸。

总之，抗生素类药、磺胺类药、抗甲状腺制剂和碘剂、降血压类药、抗疟疾类药、解热止痛类药、避孕类药、抗结核类药、镇静安眠类药等，都是哺乳期间不宜服用的药。

俗话说“是药三分毒”，对于初生的婴儿来说，可能更得是“七分毒”了，所以哺乳期间，乳母最好不服药。

哺乳母亲的饮食有什么禁忌

处于哺乳期的妈妈可要好好管着自己的嘴巴，千万别多吃下面这些食物，吃这些食物在某种程度上会害了宝宝。

1. 药品和酒精

药品和酒精进入血液，并能通过乳汁进入婴儿体内。因此应注意药品的禁忌证，避免喝酒。

2. 辛辣食品和咖啡因

应当避免橙子、洋葱、大蒜及其他辛辣食品，它们能引起婴儿拉肚子或胀气。这是因为这些食物被母体的消化系统吸收，会改变奶的味道和酸度。如果注意到某一食物使婴儿肠胃不适，就不要吃它。

尽量避免饮用含咖啡因的饮料，否则会影响胎儿。

3. 只含热量的食品

尽量不要用油腻或甜的食物，如油炸薯片、糖及蛋糕来代替合理的饮食。因为这些食物通常含的热量较高，但缺乏营养，只能提供短暂的能量。

4. 油炸肥腻食物

不要用油炸薯片、糖及蛋糕来代替吃饭，因为这些食物通常含的热量较高，缺乏营养且不易消化。

5. 辛辣性食物

哺乳妈妈胃口不佳时，会吃一些辛辣食物来开胃。但这样会加重妈妈的内热，容易出现口舌生疮、大便秘结等不适。因此，产后 1 个月内不宜吃生蒜、辣椒、胡椒、茴香、韭菜等刺激性食物。

在整个哺乳期，妈妈也应该尽量减少这类食物的摄入，因为它们会通过乳汁影响宝宝，易使宝宝上火。

6. 寒凉回奶食物

（1）肉类。猪心、鸭肉、鱿鱼等甘凉的肉食会减少生乳，哺乳妈妈最好不要吃。

（2）蔬菜。马齿苋、黄瓜、冬瓜、苦瓜、菜瓜、竹笋等性寒凉，会引起哺乳妈妈肠胃不适或回乳，宝宝月龄小的妈妈不要吃。

（3）水果。梨、西瓜、柑橘等水果性寒凉，产后体虚未出月子的妈妈不宜吃。

（4）其他。韭菜、麦芽水等食物有回奶的作用，最好不要吃。使宝宝过敏的食物，如橙子、洋葱等，会引起宝宝拉肚子、胀气。另外，妈妈还要多观察宝宝皮肤上是否出现红疹，避免吃后会造成宝宝过敏的食物。

怎样储存母乳

有些新妈妈临时外出，或者新妈妈要重返职场，这就需要给宝宝预备下食粮，怎样储存母乳呢？

1. 新妈妈可将母乳储存起来，以下三步为正确储存母乳法

（1）准备好吸奶器和储奶用具。

（2）挤奶和吸奶。找到一个较为舒适的椅子坐下靠好，将身体稍微前倾，将吸乳器的喇叭口和花瓣按摩垫紧贴在乳房上，轻按手柄，迅速抽吸 5 ~ 6 次，温和地刺激乳房以产生乳汁，一般情况吸出 60 ~ 120 毫升乳汁需要 10 分钟。新妈妈要保证每 3 小时吸一次奶，这样可以有效防止奶胀和泌乳量的减少。

（3）保存母乳。国际母乳会根据多年的研究成果，对母乳保存的期限列出以下时间表。

2. 室温保存

初乳（产后 6 天之内挤出的奶）——27 ~ 32℃室温内可保存 12 个小时；

成熟母乳（产后 6 天以后挤出的奶）——15℃室温内可保存 24 小时；19 ~ 22℃室温内可保存 10 小时；25℃室温内可保存 6 小时。

3. 冰箱冷藏室保存

0 ~ 4℃冷藏可保存 8 天。

4. 母乳冷冻保存与冰箱的情况有关

（1）如果是冰箱冷藏室里边带有的小冷冻盒，保存期为 2 周。

（2）如果是和冷藏室分开的冷冻室，但是经常开关门拿取物品，保存期为 3 ~ 4 个月。

（3）如果是深度冷冻室，温度保持在 0℃以下，并不经常开门，则保存期长达 6 个月以上。

（4）储存过的母乳会分解，看上去有点儿发蓝、发黄或者发棕色，这都是正常现象。

（5）冷冻的母乳在解冻时，应该先用冷水冲洗密封袋，逐渐加入热水，直至母乳完全解冻并升至适宜哺喂的温度，或放置在冷藏室慢慢解冻退冰。

（6）解冻后直接倒入奶瓶中就可以喂宝宝了。解冻后的母乳一定要在 24 小时内吃掉，并且不能再次冷冻。

5. 特别提示

无论是放在奶瓶还是塑料袋，注意容器在装奶之前一定要高温消毒，并且要密封好。

装母乳的容器要留点儿空隙，不要装得太满或把盖子盖得很紧，以防容器冷冻结冰而胀破。最好将母乳分成小份（60 ~ 120mL）冷冻或冷藏，方便家人或保姆根据宝宝的食量喂食，不会浪费，并要贴上标签，记上日期。

为什么剖腹产后不能盲目催奶

目前，很多人都认为，应该给剖腹产的妈妈补充营养，喝大量的催奶汤，但这种做法绝不可取。王萍表示，因为初产妇几乎都面临开始的乳腺管不畅通的问题，此时若盲目催奶，会造成产奶量增大，但又无法被宝宝及时吸吮，所以只能让乳房更加胀痛。同时妈妈产后也不要暴饮暴食，这样很容易导致急性胃肠炎或胆囊炎等病症的发作。

专家告诉记者，产后不要大量饮用月子汤，尤其是现在市场上买的一些月子汤，有些汤内含的一些成分会导致产妇下奶过快、过猛等情况，这样很容易导致乳腺管不通畅，也会使产妇很痛苦，同时还容易出现硬结。建议在产后半个月后根据乳汁的情况考虑进食催奶汤汁，应循序渐进，促进乳汁的通畅。

第2节 新生儿常见护理问题

孩子吐奶怎么办

宝宝吃奶后，如果立即平卧在床上，奶水会从口角流出，甚至把刚吃下去的奶全部吐出。喂奶后把宝宝竖抱一段时间再放到床上，吐奶就会明显减少。

1. 宝宝为什么会吐奶

宝宝的胃呈水平位，胃底平直，吃进去的奶容易溢出。站立行走后，膈肌下降及重力的作用，胃才逐渐转为垂直位。另外，宝宝胃容量较小，胃壁肌肉和神经发育尚未成熟，肌张力较低，这些均易造成吐奶。

如果喂养方法不当，宝宝吃奶过多，妈妈乳头内陷，或吸空奶瓶，奶头内没有充满乳汁等，均会使宝宝吞入大量空气而发生吐奶。喂奶后体位频繁改变也容易引起吐奶。

2. 如何防止宝宝吐奶

宝宝吐奶现象较为常见，因为宝宝的胃呈水平位，容量小，而宝宝吃奶时又常常吸人空气。妈妈第一次看到宝宝吐奶时可能会很担心，不知所措，其实只要注意以下几方面的问题，就可以防止宝宝吐奶。

（1）采用合适的喂奶姿势。尽量抱起宝宝喂奶，让宝宝的身体处于45度左右的倾斜状态，胃里的奶水自然流入小肠，这样会比躺着喂奶减少发生吐奶的机会。

（2）喂奶完毕一定要让宝宝打个嗝。把宝宝竖直抱起靠在肩上，轻拍宝宝后背，让他通过打嗝排出吃奶时一起吸入胃里的空气，再把宝宝放到床上，这样就不容易吐奶了。

（3）吃奶后不宜马上让宝宝仰卧，而是应当侧卧一会儿，然后再改为仰卧。

（4）喂奶量不宜过多，间隔不宜过密。宝宝吐奶之后，如果没有其他异常，一般不必在意，以后慢慢会好，不会影响宝宝的生长发育。宝宝吐的奶可能呈豆腐渣状，那是奶与胃酸起作用的结果，也是正常的，不必担心。但如果宝宝呕吐频繁，且吐出呈黄绿色、咖啡色液体，或伴有发热、腹泻等症状，就应该及时去医院检查了。

3. 吐奶后的护理措施

宝宝刚吃过奶后，不一会儿就似乎全吐出来了，这时有些妈妈可能怕宝宝挨饿，马上就再喂。

遇到这种情况时要根据宝宝当时的状况而定：有些宝宝吐奶后一切正常，也很活泼，则可以试喂，如宝宝愿吃，那就让宝宝吃一点儿。而有些宝宝在吐奶后胃部不舒服，如马上再喂奶，宝宝可能不愿吃，这时最好不要勉强，应让宝宝的胃充分休息一下。

宝宝腹泻怎么办

宝宝消化功能尚未发育完善，由于在胎内是母体供给营养，出生后需独立摄取、消化、吸收营养，消化道的负担明显加重，在一些外因的影响下很容易引起腹泻。

正常宝宝因饮食不同，大便性状及次数可以有差异。若人工喂养，大便偏干，每日 1 ~ 2 次；若吃母乳，每天大便可 2 ~ 6 次，性状较稀薄，但宝宝吃奶及生长发育均正常，这不是腹泻，不需要治疗。

1. 母乳喂养的宝宝要减少喂奶

用母乳喂养的宝宝，不必停止喂奶，只需适当减少喂奶量，即缩短喂奶时间，并延长喂奶间隔。一般正常喂奶时间是每只乳房哺喂 10 分钟，现改为 5 ~ 7 分钟，并将剩余奶汁挤去，因为后一部分奶汁内脂肪含量高。人工喂养的宝宝，要适当减少喂配方奶的最和次数。随着病情的好转，逐渐恢复喂奶量。

2. 妈妈应该注意饮食

母乳的营养成分与妈妈的饮食密切相关，当宝宝腹泻时，妈妈应少食脂肪类食物，以避免乳汁中脂肪量增加。辛辣和热量大的食物，妈妈都应该避免食用，注意饮食要清淡一点儿比较好。同时每次喂奶前，妈妈饮一大杯开水，稀释母乳，有利于减轻宝宝腹泻症状。

有一些妈妈因宝宝腹泻，母乳全部停喂，换喂米汤，这是不恰当的。单吃米汤是不能满足宝宝营养需求的。

3. 找出宝宝腹泻原因

一两个月的宝宝大便次数较多，特别是吃母乳的宝宝大便更多更稀一些，不一定不正常 . 有很多因素会造成宝宝腹泻，应该先找找原因然后对症采取措施治疗腹泻。有些宝宝的腹泻是生理性的，也不必治疗。这种情况会随年龄的增长逐渐好转。如果宝宝的精神很好，体重正常增长，一般问题不大。以上处理是针对腹泻不严重，只需饮食调整即可得到好转的情况。如果腹泻次数较多，大便性质改变，或宝宝两眼凹陷有脱水现象时，应立即送医院诊治。根据医生安排，合理掌握母乳的哺喂。

4. 护理要点

（1）隔离与消毒。接触生病宝宝后，应及时洗手。宝宝用过的碗、筷、奶瓶、水杯等要消毒，衣服、尿布等也要用开水烫洗。

（2）注意观察病情。记录宝宝大便、小便和呕吐的次数、量和性质，就诊时带上大便采样，以便医生检验、诊治。

（3）外阴护理。勤换尿布，每次大便后用温水擦洗臀部，女宝宝应自前向后冲洗，然后用软布吸干，以防泌尿系统感染。

怎样判断宝宝患了腹泻

由于 1 ~ 2 岁的宝宝生长发育特别迅速，所以，身体需要的营养及热能较多。然而，消化器官却未完全发育成熟，分泌的消化酶较少。因此，消化能力较弱，容易发生腹泻。

神经系统对胃肠的调节功能差，所以，饮食稍有改变，如对添加的离乳食品不适应、短时间

添加的种类太多，或一次喂得太多、突然断奶；或是饮食不当，如吃了不易消化的蛋白质食物；气温低身体受凉加快了肠蠕动、天太热，消化液分泌减少及秋天温差大、小肚子易受凉等，都可引起腹泻。

小儿腹泻病是由多种病原及多种病因而引起的一种疾病。患儿大多数是 2 岁以下的宝宝，6 ~ 11 月的婴儿尤为高发。腹泻的高峰主要发生在每年的 6 ~ 9 月及 10 月至次年 1 月。夏季腹泻通常是由细菌感染所致，多为黏液便，具有腥臭味；秋季腹泻多由轮状病毒引起，以稀水样或稀糊便多见，但无腥臭味。

有的妈妈常在宝宝腹泻初期就急着服用止泻药，可这个问题并不这么简单。

因为 6 个月内的宝宝可能经常会在喂奶后就排出黄绿色稀便。每天少则 4 ~ 6 次，多则达到 10 余次，便中还有奶块或少许透明黏液。

这种情况多见于母乳喂养的宝宝，其实这是一种生理性腹泻。随着消化功能逐渐发育，会自然好转，而并不是患了肠炎。只要宝宝胃口正常，精神愉快，反应良好，睡眠安稳，体重也在增长，大便化验无异常，就用不着服用止泻药，以免影响正常的肠功能。

1. 判断 1——根据排便次数

正常宝宝的大便一般每天 1 ~ 2 次，呈黄色糊状物。腹泻时会比正常情况下排便增多，轻者 4 ~ 6 次，重者可达 10 次以上或者数十次。

2. 判断 2——大便的形态

根据大便性状为稀水便、蛋花汤样便，有时是黏液便或脓血便。宝宝同时伴有吐奶、腹胀、发热、烦躁不安，精神不佳等表现。

怎样让宝宝吃饱

宝宝吃不饱跟妈妈的哺喂经验欠缺、乳汁分泌不足、宝宝吸吮能力弱、新生儿疾病等都有关系。

妈妈不是一生下宝宝就懂得如何哺乳，宝宝也不是一出世就懂得如何吮吸母乳，哺乳是需要学习和适应的。

1. 放松心情

有的妈妈在抱着软绵绵的小宝宝时，心情紧张，导致血液无法顺畅地流到乳房，流出来的乳汁自然不够，因此，哺乳时应保持轻松的心情。

2. 以舒适的姿势哺乳

有的妈妈在抱宝宝授乳时，为了迁就宝宝吮吸乳汁，长时间低头、缩肩或弯腰，结果导致颈部、肩膀或腰部酸痛。其实，哺喂的姿势，无论是坐着或躺着，除了要让宝宝轻易吮吸乳汁，妈妈也应该感觉舒服才对。

3. 不要因乳汁少而放弃

如果流出的乳汁量少的话，更应该多让宝宝吮吸乳房，因为，宝宝的吮吸动作会刺激泌乳，这称为“泌乳反身”。

4. 确保宝宝正确地含着乳房

如果宝宝长期吮吸、拉扯乳头的话，乳头会皲裂或损伤，造成疼痛，因此，正确的做法是把整个乳头和乳晕都放进宝宝的嘴里。

5. 护理乳头

如果乳头破损，再与衣物摩擦，会感到疼痛，也会减缓复原的速度。

6. 确保充分的休息

有的妈妈认为自己的身体好，在坐月子期间，样样事情都自己来做，缺乏精力，乳汁自然会少，因此，母乳喂养的妈妈最好获得家人的协助和配合，尽量争取时间，好好休息，保留精力为宝宝提供充足和优质的母乳。

7. 摄取足够营养

哺乳消耗了妈妈大量的热量，因此，妈妈应该摄取含大量热量、蛋白质和不饱和脂肪酸的食物。

怎样确定宝宝是否吃饱了

人工喂养的宝宝每天吃多少奶，妈妈可以非常准确地掌握，但母乳喂养的宝宝每天能吃多少奶、是否吃饱了，妈妈往往心中没底。单纯从宝宝吃奶时间的长短来判断他是否吃饱了是不可靠的，因为有的宝宝即使吃饱了，也喜欢含着乳头吸吮着玩。那么应该怎么判断呢？

1. 从妈妈的感觉看

妈妈在哺乳前，乳房有饱胀感，表面静脉显露，用手按时，乳汁很容易挤出。哺乳后，妈妈会感觉到乳房松软，轻微下垂。

2. 从宝宝的表现看

（1）吃奶的声音。宝宝平均每吃 2 ~ 3 次奶，妈妈就可以听到宝宝咕噜的吞咽声音。这时候的吸吮是慢而有力的，有时候奶水会从宝宝口角溢出，这种状态持续 4 ~ 5 分钟，宝宝就已经吃得大半饱了，随后，吸吮力慢慢变小，再过上 5 ~ 6 分钟，宝宝会含着奶头入睡，这说明宝宝已经吃饱了。如果宝宝吃了超过 30 分钟还含着乳头吸吮不放松，这就告诉妈妈自己还没有吃饱。

（2）观察宝宝的情绪。吃饱后的宝宝可安静地睡 2 ~ 3 小时或玩耍一会儿。倘若宝宝没吃饱，常表现为哭闹、烦躁、吸吮指头异物等。渴望妈妈的拥抱，吃奶时比较专注、急促。

（3）观察宝宝的大小便。吃母乳的宝宝一般每天大便 3 ~ 4 次，人工喂养的宝宝，大便每天 2 次左右，金黄色，呈糊状。若宝宝没吃饱，大便次数就会减少。宝宝小便一般每天 6 次以上，尿呈淡黄色或无色。如果宝宝仅吃母乳，没有添加其他任何辅食，也没有喂水或其他饮料，一天 6 次小便，说明进食的奶量是足够的。如果宝宝还哭闹，一定有其他原因。

（4）观察宝宝体重增长情况。定期给宝宝测量体重，观察宝宝体重增长情况来判断奶水是否充足。一般应每月或两个月给宝宝称一次体重，一个健康的宝宝在 0 ~ 6 个月之间每月应增加体重 500 ~ 600 克。若宝宝体重增长不足可能是吃的奶量不够或生病，应仔细寻找原因，必要时到医院检查。

奶具的清洁方法

宝宝刚出生时免疫力很低，这时父母要做好一切防范工作，不让病菌有机可乘。3 个月以内的婴儿，对细菌的抵抗力特别弱，所以餐具应彻底消毒。下面，我们来讲讲，给宝宝奶具消毒的方法。

奶具消毒前必须洗净。奶瓶、奶嘴、瓶盖先应分别洗净残留在上面的奶渍，然后用专用洗洁精刷洗，再用清水冲净。

煮沸法。这是家庭中最简易的消毒方法是将奶具放入沸水中煮开 10 分钟，冷却后取出使用。首先先把奶瓶、匙子等用清洁剂和清水洗净，再放入锅内。锅内的水要没过餐具。水开后，保持沸腾状态 10 分钟。因为奶嘴容易损坏，可在停火前 3 分钟时放入即可，最后把餐具取出来，放在清洁的地方保存，上面蒙上一层消毒纱布，以防污染。

配奶前成人必须先洗手。即便洗过手，在配奶过程中也要注意不要用手接触奶瓶内部和奶嘴，以免污染。

未吃完的奶不可保留在奶瓶中下次再喂。因为在婴儿吸吮的过程中，瓶中的奶已被污染，放置几小时后细菌已成几何倍数增长至足以让孩子致病的程度。剩一点儿奶怎么办？既不可勉强让孩子喝掉，又不可放置下一顿，心疼的话就由大人把它喝掉，实在不想喝就把它倒掉吧！

注意事项：

等到孩子 6 个月以后，餐具用刷子蘸洗涤剂刷干净，再用清水认真冲洗过就可以了。不必再天天消毒，一般隔一段时间集中消毒一次即可。

另外专家建议家长，最好还是重拾使用玻璃奶瓶的习惯，因为这种玻璃奶瓶除了容易打破之外，还真找不到其他缺点，最具安全性。以玻璃奶瓶作为新生儿的喂食工具，只要清洗干净，再予高温高压杀菌处理，安全无虞。

怎样换尿布宝宝才高兴

怎样给宝宝擦屁股换尿布时动作要轻柔，如用力粗暴有造成关节脱臼的可能。换尿布的正确方法为用左手轻轻抓住孩子的两只脚，主要是抓牢脚腕，把两腿轻轻抬起，使臀部离开尿布，左手把尿布撤下来，垫上摆好的干净尿布，然后扎好。注意把尿布放在屁股中间，如果拉大便了，应当使用护肤柔湿巾擦拭。擦的时候要注意，女孩子要从前往后擦，切忌从后往前，因为这样容易使粪便污染外阴，引起泌尿系统感染。给男孩子擦时，要看看阴囊上是否沾着大便。

换尿布要事先做好准备，快速更换。在冬天时，细心的妈妈应该先将尿布放在暖气上捂热，妈妈的手搓暖和后再给宝宝换尿布。

还要注意每天给宝宝洗 1 ~ 2 次屁股，每次大便后使用强生婴儿护肤柔湿巾擦拭，再敷上爽身粉或婴儿粉。毛巾用过后应洗净、晾干、消毒。

第10章

新妈妈产后恢复美丽的食疗方

第1节 合理膳食，让新妈妈美丽回归

经常食用水果蔬菜

水果蔬菜是典型的碱性食物，除了可以调节人体的 pH 值外，还含有大量的维生素、胡萝卜素、矿物质、纤维素。

1. 水果蔬菜中的维生素

维生素 A 是人体维持一切上皮组织健全所必需的物质。缺乏时，上皮组织干燥、增生、过度老化。维生素 B 有使皮肤光滑、抚平皱纹、消除斑点、预防黑色素沉着的作用。维生素 C 是一种抗氧化剂，能抑制黑色素形成，是皮肤色素沉着减缓。维生素 E 具有抗氧化性，能推迟细胞衰老的过程。

而胡萝卜、韭菜、青椒、枣、柑橘、柚子都是维生素的良好来源。

2. 水果蔬菜中的矿物质

水果蔬菜中含有大量的矿物质，绝大多数矿物质在人体中都是重要的碱性物质来源。碱性水果蔬菜进入人体之后，能中和体内过多的酸性物质，维持体内的酸碱平衡，从而能在一定程度上帮助新妈妈皮肤洁白光滑，细腻富有弹性。

3. 水果蔬菜中的纤维素

纤维素可以促进肠道蠕动、减少失误在肠道中停留的时间，其中的水分不容易被吸收。膳食纤维在大肠内经细菌发酵，直接吸收纤维中的水分，使大便变软，产生通便作用。正常的排便也是新妈妈保持健康和美丽不可或缺的条件。

提高饮食中膳食纤维的含量，不仅会让饱腹感降低，还能使摄入的热量减少，在肠道内营养的消化吸收也下降，起到减肥的作用。

补充胶原蛋白的食材

胶原蛋白是具有美化人体肌肤作用的营养物质，因此补充胶原蛋白是新妈妈保证健康与美丽的一种方法。当胶原蛋白缺乏时，人体细胞的水分代谢就会减弱，皮肤出现干燥、起皱等脱水现象。

新妈妈可以通过食用富含胶原蛋白的食物，如猪蹄、猪皮、牛蹄筋、鱼等食物来获取需要的胶原蛋白。

合理食用牛奶及奶制品

牛奶是公认的营养价值很高的食物，不仅可提供丰富的蛋白质，还含有多种维生素和矿物质。这些营养成分与新妈妈皮肤的健美有着十分密切的关系，牛奶中的维生素 A 可防治皮肤干燥和老化，使皮肤、毛发具有光泽。维生素 B 可增进食欲、帮助消化、润泽肌肤，防止皮肤老化，促进皮肤的新陈代谢、保护皮肤和黏膜的完整性。

第2节 产后养颜祛斑食疗方

地黄老鸭煲：滋阴补肾、养颜润肤

推荐容器：砂锅

材料：生地黄50克，山药30克，枸杞20克，老鸭1只，葱、生姜、黄酒、盐、味精各适量。

做法：

1 老鸭，宰杀去毛、内脏，洗净切成小块，入沸水焯去血水。

2 生地黄、山药、枸杞，洗净，同鸭肉一起放锅内，加水、盐，煮至鸭熟，加味精调和，即可食用。

营养功效

生地滋阴养血；山药健脾益气、和中养胃；枸杞补养肝肾、填益精血；鸭肉含蛋白质、人体必需氨基酸，能补脾泽颜。可用于肝肾亏虚、色素沉积引起的黄褐斑。

专家点评

黄酒：黄酒香气浓郁，甘甜味美，风味醇厚，并含有氨基酸、糖、醋、有机酸和多种维生素等，是烹调中不可缺少的主要调味品之一。

老鸭：让老鸭肉鲜香酥嫩可以尝试在炖鸭肉时加几片火腿肉或腊肉，能增加鸭肉鲜香味。在锅里放几粒螺蛳肉与老鸭同煮，任何陈年老鸭都会煮得酥烂。将老鸭肉用凉水加少量食醋浸泡2小时，再用文火炖制，鸭肉易烂，且能返嫩。

小提示

肾阳虚的新妈妈不宜多食用地黄。

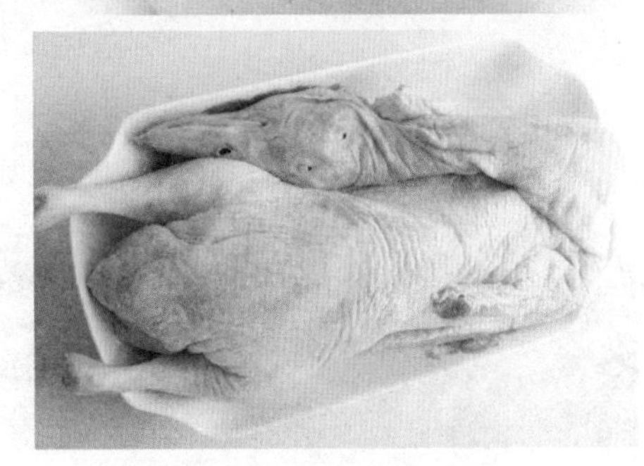

芝麻薏仁山药牛奶：祛湿润肤

推荐容器：不锈钢锅

材料：黑芝麻粉、山药粉、薏仁粉、奶粉、蜂蜜各适量。

做法：

取黑芝麻粉、薏仁粉、山药粉、奶粉，冲泡成250毫升的饮料，调匀即能饮用。

营养功效

既香醇好喝，又能润肠通便，清热除湿，消除孕斑。

小提示

患有慢性肠炎、便溏腹泻的新妈妈忌食。

素炒西瓜皮：祛斑美容

推荐容器：铁锅

材料：西瓜皮200克，生姜、蒜各适量。

做法：

1. 西瓜皮的处理：切掉西瓜皮的外皮，取得厚些，留靠里较嫩的部分切成薄片。
2. 切生姜末、蒜末下油锅爆香。
3. 倒入切好的西瓜皮，大火快速翻炒，加盐、味精，出锅。

营养功效

清爽可口，利尿排毒，美肤。

小提示

为了保持西瓜皮的清新爽口，调料要尽量少，炒制时间应尽量短。

百合薏米粥：美白祛斑，收缩毛孔

推荐容器：电饭煲

材料：薏米 30 克，大米 20 克，干百合 15 克，冰糖适量。

做法：

1 将薏米、大米分别淘洗干净，薏米温水浸泡 1 小时；干百合用温水浸泡约 15 分钟。

2 锅置火上，倒入适量水烧开，放入薏米煮开，转小火煮 10 分钟，加入大米煮开后再煮约 20 分钟，加入百合，煮至黏稠，加冰糖调味即可。

营养功效

常喝此粥有美白细嫩肌肤，祛斑的作用，并能收细毛孔。

专家点评

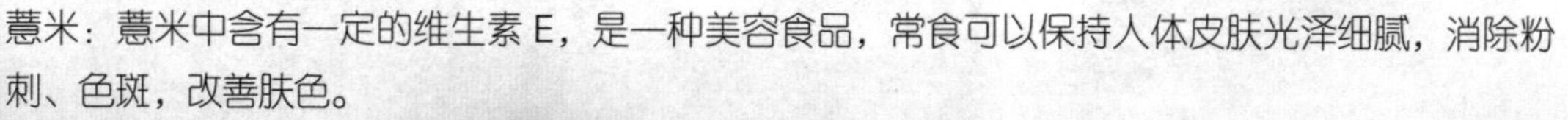

薏米：薏米中含有一定的维生素 E，是一种美容食品，常食可以保持人体皮肤光泽细腻，消除粉刺、色斑，改善肤色。

百合：百合质地肥厚，醇甜清香，甘美爽口，有润肺止咳、清心安神之功，对肺热干咳、痰中带血、肺弱气虚、肺结核咯血等症，都有良好的疗效。百合鲜品富含黏液质及维生素，对皮肤细胞新陈代谢有益，常食百合有一定美容作用。

小提示

将鲜奶煮沸，加入薏仁粉适量，搅拌均匀后食用也可保持皮肤光泽细腻，消除粉刺、妊娠斑、雀斑。

荷叶粥：调节神经、细腻皮肤

推荐容器：电饭煲

材料：鲜荷叶 1 张，大米 60 克。

做法：

用大米煮粥，待熟时，将荷叶洗净盖在粥上，用文火焖片刻，使荷叶变淡绿。

营养功效

镇心益气、驻颜轻身。

小提示

患有神经性失眠的新妈妈可以多食用此粥。

薏仁燕麦粥：祛斑消水肿

推荐容器：电饭煲

材料：薏米 100 克、燕麦 50 克、牛奶 400 克、清水适量、蜂蜜 2 勺、香蕉 1 根、蓝莓 100 克。

做法：

1. 薏米用清水浸泡一夜，备用。
2. 薏米、燕麦，加入适量清水，大火煮开。
3. 转文火煮到薏米软烂。
4. 调入牛奶，大火煮开即可。
5. 待温度降到 80 摄氏度，调入蜂蜜。
6. 最后按个人口味，加入喜欢的水果，如香蕉、蓝莓等，一起食用口感更好。

营养功效

美肤祛斑。

小提示

燕麦一次不宜吃太多，否则会造成胃痉挛或是胀气。

西葫芦鸡片汤：滋润肌肤

推荐容器：不锈钢锅

材料：鸡胸肉、西葫芦各300克，胡萝卜半根，盐、鸡蛋液、水淀粉、鸡精、胡椒粉、香油各适量。

做法：

1. 鸡胸肉洗净，沥干，切厚片，放入盛有鸡蛋液的容器中搅匀，加入水淀粉上浆；西葫芦洗净，去瓤切片；胡萝卜洗净绞打成泥。
2. 锅置火上，加适量清水，放入西葫芦、盐、鸡精煮开，下入鸡肉片同煮至熟，加胡椒粉、香油调味，最后放入胡萝卜泥搅拌均匀即可。

营养功效

本汤夏天饮用，有清暑利湿、滋养五脏的功效。女性常喝此汤，还能滋润肌肤。

专家点评

西葫芦：西葫芦含有一种丰富的维生素，对面色暗黄的人群有很好的功效，能改善皮肤的颜色，补充肌肤的养分，让脸上暗沉得到回复活力。

胡萝卜：胡萝卜富含维生素，并有轻微而持续发汗的作用，可刺激皮肤的新陈代谢，增进血液循环，从而使皮肤细嫩光滑，肤色红润，对美容健肤有独到的作用。

小提示

烹调西葫芦时不宜煮得太烂，以免营养损失。

榛子枸杞粥：养肝明目、美容养颜

推荐容器：电饭煲

材料：榛子仁 30 克，枸杞 15 克，粳米 50 克。

做法：

1. 将榛子仁捣碎，与枸杞同入锅，加水煎汁，去渣取汁。
2. 再与淘洗干净的粳米一同入锅，加水适量，用大火烧开后改用小火熬煮成粥即可。

营养功效

延缓衰老、润泽肌肤。

小提示

榛子仁大饱满、仁为光滑的光仁，无木质毛绒，仁香酥脆，此为上品，适宜购买。

杏仁露：生津润肺

推荐容器：玻璃杯

材料：南杏仁 15 克，北杏仁 15 克，冰糖适量。

做法：

1. 杏仁用热水泡 30 分钟左右。
2. 然后和清水放进豆浆机或搅拌机打成杏仁汁。
3. 去渣后放到锅里，加入冰糖，小火煮开 5 分钟后，即可饮用。

营养功效

止咳润肺、调节血脂、养颜美肤。

小提示

如果加进牛奶口感更加顺滑。

蛇果草莓汁：淡化色斑

推荐容器：玻璃杯

材料：蛇果 1 个，草莓 200 克，糖浆适量。

做法：

1. 将蛇果洗净，去皮去核；草莓洗净，对半切开。
2. 将蛇果、草莓、饮用水一起放入榨汁机榨汁。
3. 在榨好的果汁内加入适量糖浆搅拌均匀即可。

营养功效

美肤养颜。

小提示

草莓表面粗糙，不易洗净，用淡盐水或高锰酸钾溶液浸泡 10 分钟，既能杀菌又较易清洗。

五色蔬菜汤：抗氧化、提亮肤色

推荐容器：不锈钢锅

材料：胡萝卜 2 根，香菇 30 克，海鲜菇 50 克，佛手瓜 1 个，玉米 2 根，干贝 20 克。

做法：

1. 将小干贝洗干净，入锅放 2/3 的水熬汤头，水开后先熬 15 分钟。
2. 将玉米切成段，胡萝卜去皮切滚刀块，佛手瓜去皮切厚片，花菇发开洗干净，海鲜菇洗干净摘成长短适宜。
3. 先将胡萝卜和玉米放入，煮 15 分钟，再入海鲜菇和香菇，再煮 15 分钟，最后放佛手瓜，再 15 分钟。
4. 关火前淋入些麻油，放点儿盐调味即可。

营养功效

补充多种维生素，净化体内有害物质，提亮肤色。

专家点评

海鲜菇：海鲜菇是一种具有很高营养价值和药用价值的食用菌，颜色洁白，菌肉肥厚，口感细腻，气味芬芳，味道鲜美。海鲜菇具有抗氧化的功效，能够延缓肌肤衰老。

佛手瓜：佛手瓜的食用方法很多，鲜瓜可切片、切丝，作荤炒、素炒、凉拌，做汤、涮火锅、优质饺子馅等。还可加工成腌制品或做罐头。佛手瓜具有抗氧化，增强免疫力的作用。

小提示

不宜食用切碎后水洗或久浸泡于水中的胡萝卜。

腊肉南瓜汤：健脾开胃、养颜润肤

推荐容器：不锈钢锅

材料：腊肉300克，南瓜400克，莲藕100克，洋葱末少许，精盐适量，味精1/2小匙，料酒2大匙。

做法：

1 将腊肉切片，放入沸水中烫去盐分。

2 南瓜洗净切开，用勺子掏去瓜子，瓜瓤切块，莲藕去皮切片。

3 锅中加2大匙植物油烧热，下入洋葱末炒香，放入腊肉拌炒均匀，烹入料酒。放入清水8杯煮沸，下入南瓜，藕片，精盐，味精煮至南瓜熟烂时，离火即可。

营养功效

健脾开胃，消食。

小提示

腊肉蒸、煮后可直接食用，或和其他干鲜蔬菜同炒；西餐中一般用作多种菜肴的配料。

淮山莲香豆浆：消脂瘦身，滋润肌肤

推荐容器：不锈钢锅

材料：黄豆 150 克，淮山药、莲子各 80 克，水晶冰糖适量。

做法：

1. 先用水将黄豆、莲子及淮山分别浸软；黄豆浸 3 小时，莲子浸软后去心。
2. 将浸软的黄豆放入搅拌机内，加入八倍水分搅至稀烂，倒入纱布袋内滤去豆渣。
3. 将莲子及淮山一同煮软，冻后放入搅拌机内搅烂。
4. 冰糖加水煮溶，然后再加入豆汁和淮山莲子浆，以慢火煮滚后试味，最后用生粉水推薄芡，即可食用。

营养功效

消脂瘦身、滋润皮肤、清心醒脾。

小提示

有些人为了保险起见，将豆浆反复煮好几遍，这样虽然去除了豆浆中的有害物质，同时也造成了营养物质流失，因此，煮豆浆要恰到好处，控制好加热时间，千万不能反复煮。

白菜豆腐奶白汤：防止黑色素沉着

推荐容器：铁锅

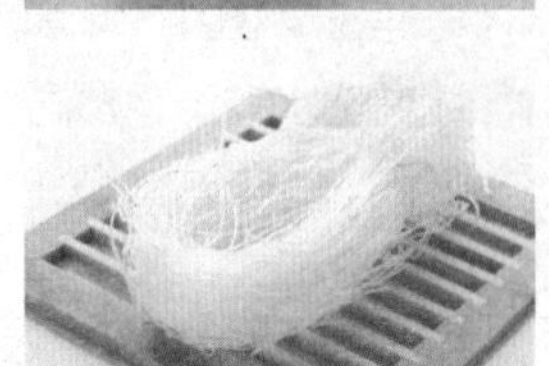

材料：豆腐 150 克，白菜叶 50 克，粉丝 20 克，干贝 10 克，虾米皮 20 克，白胡椒粉 1 小匙，料酒、鸡精粉、盐、香油各适量。

做法：

1. 干贝，干虾皮用水洗净后用清水浸泡备用。
2. 锅热后倒入少许油，下豆腐块炒至微微发黄后再下如白菜翻炒。
3. 白菜叶炒软后下入白胡椒粉、鸡精、盐，烹入料酒翻炒均匀。
4. 将炒好的白菜豆腐下入水已烧开的汤锅中，下入泡好的虾皮和干贝。
5. 注意不要关小火，用中火盖盖儿炖煮 15 分钟后，开盖下入泡软的粉丝，炖煮 5 分钟后淋入香油制作完成。

营养功效

防止黑色素沉着，抵抗皮肤衰老。

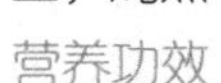

专家点评

白菜：白菜中含有大量胡萝卜素比豆类、番茄、瓜类都多，并且还有丰富的维生素 C，进入人体后，可促进皮肤细胞代谢，防止皮肤粗糙及色素沉着，使皮肤亮洁，延缓衰老。

粉丝：粉丝的营养成分主要是碳水化合物、膳食纤维、蛋白质、烟酸和钙、镁、铁、钾、磷、钠等矿物质。粉丝有良好的附味性，它能吸收各种鲜美汤料的味道，再加上粉丝本身的柔润嫩滑，更加爽口宜人。凉拌口味更佳。

小提示

腐烂的白菜含有亚硝酸盐等毒素，食后可使人体严重缺氧甚至有生命危险。

雪梨蛋奶羹：帮助排出体内毒素

推荐容器：不锈钢锅

材料：鸭梨 1 个，鸡蛋 1 个，鲜奶半杯，冰糖适量。

做法：

1. 将鸭梨去皮去核，切成小薄片。
2. 将牛奶倒入锅中，放入梨片和冰糖，用小火煮至冰糖溶化、梨片变软，凉凉备用。
3. 鸡蛋打散，加入熬好的牛奶中。
4. 盛入深盘中，去掉表面浮沫，用保鲜膜覆盖入蒸锅大火蒸 15 分钟左右。
5. 取出去掉保鲜膜即可，凉凉吃味道更好。

营养功效

帮助排毒，养颜肌肤。

小提示

鸡蛋过筛能去除气泡浮沫，使蛋羹更加细滑幼嫩。

第3节 产后防脱发食疗方

奶汁海带：乌发生发

推荐容器：砂锅

材料：水发海带250克，蜂蜜100克，白糖20克，牛奶250毫升，鲜奶油10克，白葡萄酒25克，柠檬2片。

做法：

1. 水发海带洗净、控干，切成长方形片，入锅煮软、捞出，控干。
2. 将白糖、蜂蜜放进锅内，加牛奶、鲜奶油、白葡萄酒，烧开后放海带块，温火煨熬，待海带片附上奶浆，离火，晾凉，切成菱角形块，入盘，上放柠檬片，即可。

营养功效

补充维生素，改善发质。

专家点评

水发海带：选择水发海带时，应选择整齐干净、无杂质和异味的。有的海带颜色鲜艳，质地脆硬，是化学加工过的，不能够食用。

蜂蜜：蜂蜜宜放在低温避光处保存。由于蜂蜜是属于弱酸性的液体，能与金属起化学反应，在贮存过程中接触到铅、锌、铁等金属后，会发生化学反应。因此，应采用非金属容器如陶瓷、玻璃瓶无毒塑料桶等容器来贮存蜂蜜。

小提示

吃海带后不应立即喝茶，也不宜马上吃葡萄、山楂等酸味水果，以免影响对矿物质的吸收。

何首乌鸡汤：延缓衰老

推荐容器：砂锅

材料：何首乌 30 克，乌鸡 1 只，盐、生姜片、料酒各适量。

做法：

1. 将何首乌研成细末备用。
2. 将乌鸡宰杀后去毛及内脏，洗净；用布包何首乌粉，放入鸡腹内，入瓦锅内，加水适量，煨熟。
3. 待鸡熟以后，从鸡肚内取出何首乌袋，加盐、生姜片、料酒调味即可。

营养功效

补肝肾、益精血，黑发质。

小提示

何首乌长期服用可能导致肝损害。因此不宜多食。

三子核桃肉益发汤：补肾益肾

推荐容器：砂锅

材料：瘦猪肉 120 克，女贞子 20 克，菟丝子 20 克，覆盆子 20 克，核桃 20 克，生姜、盐各适量。

做法：

1. 女贞子、覆盆子、菟丝子分别洗净。
2. 核桃去壳略捣碎。
3. 瘦肉洗净原件下锅。
4. 全部材料共置瓦煲，加水 8 碗，煲至出味。
5. 加生姜、盐调味，去渣，即可饮用。

营养功效

滋阴补肾，乌发养发。

小提示

核桃不能与野鸡肉一起食用，肺炎、支气管扩张等患者不易食之。

刀豆炒茭白：滋养身体、补肝养血

推荐容器：铁锅

材料：刀豆 200 克，茭白 150 克，油、盐各适量。

做法：

1. 将刀豆洗净去茎，切成段。
2. 将茭白洗净切片。
3. 烧开水将刀豆焯一下。
4. 热锅冷油，放入葱、茭白入锅煸炒，再将刀豆放入锅中煸炒，加入盐、鸡精出锅即可。

营养功效

石斑鱼含有丰富的虾青素，具有抗氧化功效，预防脱发。

专家点评

刀豆：刀豆嫩荚食用，质地脆嫩，肉厚鲜美可口，清香淡雅，是菜中佳品，可单作鲜菜炒食，也可和猪肉、鸡肉煮食尤其美味；还可腌制酱菜或泡菜食之。

茭白：茭白性味苦寒，可解热毒、除烦渴，配以补气益胃、理气化痰的蘑菇，不仅味道香郁，可增进食欲，而且还有助消化、化痰宽中的功效。

小提示

如果刀豆没有经过水焯，最好多炒一会儿。

木耳芝麻饮：乌发补肾

推荐容器：不锈钢锅

材料：黑木耳 5 克，白糖 30 克，黑芝麻 10 克。

做法：

1 将黑木耳用温水泡发 2 小时，去蒂，撕瓣；黑芝麻炒香。

2 将黑木耳、黑芝麻放入锅内，加入清水适量，置文火煎熬 1 小时，滗出汁液；再加入清水煎熬，将两次煎液合并，放入白糖拌匀即成。

营养功效

凉血止血、乌发补肾。

小提示

新鲜的黑木耳中含有一种物质，会引起皮炎，故新鲜黑木耳不宜食用。

淮药芝麻糊：防止掉发、脱发

推荐容器：电饭煲

材料：淮山药 15 克，黑芝麻 120 克，玫瑰糖 6 克，鲜牛奶 200 克，冰糖 120 克，粳米 60 克。

做法：

① 将粳米洗净，用清水浸泡 1 小时，捞出滤干；淮山药切成小颗粒；黑芝麻炒香。将以上 3 味放入盆中，加水和鲜牛奶拌匀，磨碎后滤出细茸备用。

② 锅中放入冰糖加清水，溶化过滤后炒开，将粳米、淮山药、黑芝麻磨碎的细茸慢慢倒入锅内，加玫瑰糖，不断搅拌成糊，熟后起锅即成。

营养功效

滋阴补肾、益脾清肠，适宜和于肝肾不中、病后体虚、大便燥结、须发早白等症。

小提示

山药与甘遂不要一同食用；也不可与碱性药物同食。

羊骨肉粥：软化血管

推荐容器：电饭煲

材料：羊骨300克，羊肉150克，黑芝麻，核桃仁、黑豆各20克，粳米50克。

做法：

1. 先将黑芝麻、核桃仁、黑豆研成细末。
2. 羊骨、肉加水煮汤，取汤1/3煮粥。
3. 兑入药末，粥将熟时，可调入调料服食。

营养功效

软化血管、滋润皮肤、延缓衰老。

小提示

羊肉燥热，不宜多吃，建议每次使食用100克左右。

芝麻扁豆粥：防止脱发、白发

推荐容器：电饭煲

材料：黑芝麻 10 克，扁豆 50 克，核桃仁 5 克，白糖、猪油各适量，粳米 50 克。

做法：

1. 扁豆沸水煮半小时，捞出留豆去皮。
2. 黑芝麻炒焦研细，同核桃仁一起与粳米煮粥。
3. 待粥将熟时加入白糖适量，再煮片刻即可服用。

营养功效

黑芝麻补肝肾、益精血、润肠燥。用于头晕眼花，耳鸣耳聋，须发早白，病后脱发，肠燥便秘。

小提示

烹调前应将豆筋摘除，否则既影响口感，又不易消化。

枸杞黑豆炖羊肉：补血养肝

推荐容器：砂锅

材料：枸杞 20 克，黑豆 30 克，羊肉 150 克，生姜、盐各适量。

做饭：

1. 先将羊肉洗净切块，用开水氽去腥味。
2. 将枸杞、黑豆分别淘洗干净，与羊肉共放锅内，加水适量，武火煮沸后，改用文火煲 2 小时，加入调味精。每日 1 剂。

营养功效

枸杞、黑豆有补益肾气、养血生发之功效；羊肉性温热、补气滋阴，适宜于妇女产后肾气不足、精血亏虚而引起脱发者食用。

小提示

肠热便秘的新妈妈不宜多食黑豆。

莲百炖猪肉：养肺益肾

推荐容器：铁锅

材料：莲子 30 克，百合 30 克，猪瘦肉 250 克，料酒 10 毫升，精盐克，味精 2 克，葱段 10 克，生姜片 10 克，猪油 25 克，肉汤适量。

做法：

1. 将莲子用热水浸泡，至发胀时捞出去膜皮，去心。
2. 百合去杂洗净。
3. 将猪肉洗净，下沸水锅中焯去血水，捞出洗净，切适当块。
4. 锅烧热，加入猪油，下入葱、生姜，加入肉块煸炒，烹入料酒，煸炒至水干。
5. 倒入肉汤，加入盐、味精、莲子、百合，用旺火烧沸，撇去浮沫。

营养功效

滋阴养颜、润肠通便。适用于阴虚便秘。

小提示

腹部胀满与大便燥结者忌食莲子。

龙眼人参炖瘦肉：大补元气、养血生发

推荐容器：砂锅

材料：龙眼肉 20 克，人参 6 克，枸杞子 15 克，瘦猪肉 150 克。

做法：

1. 将猪肉洗净切块，龙眼肉、枸杞子洗净，人参浸润后切薄片。
2. 将全部用料共放炖盅内，加水适量。
3. 用文火隔水炖至肉熟，即可食用。

营养功效

大补元气、养血生发，适宜于气血亏虚而引起脱发者食用。

专家点评

龙眼：龙眼能补气养血，对神经衰弱、更年期妇女的心烦汗出、智力减退都有很好的疗效，是健脑益智的佳品；而产后妇女体虚乏力，或营养不良引起贫血，食用龙眼是不错的选择。

人参：人参有补元气，建脾肺，安神益智，调节体内新陈代谢和激素分泌之功效。雀斑妊娠斑、产后虚弱者、贫血者、抗寒能力差怕冷者、白发者、头皮屑多者均可食用。

小提示

龙眼属于温热食物，多吃易滞气，因此一次不宜吃得太多。

冬菇煨鸡：补肾益精

推荐容器：铁锅

材料：鲜冬菇 100 克，土鸡半只，生姜、蒜苗，花生油、盐、味精、白糖、蚝油、老抽王、湿生粉、麻油各适量。

做法：

1. 冬菇要多洗几遍，以防有沙。煨时火不宜大，在收汁时火要大点儿，以增加菜式的香味。
2. 鲜冬菇去蒂、洗净切片，土鸡砍成块，生姜去皮切片，蒜功洗净切小段。
3. 切好的土鸡加少许盐、味精、用湿生粉腌制，烧热锅下油，放入鸡块、生姜片、炒至八成熟时待用。
4. 然后注入清汤、冬菇，剩下的盐、味精、白糖、蚝油、老抽王，用小火煨至鸡肉入味，加入蒜功，用湿生粉勾芡，淋上麻油，出锅入碟即成。

营养功效

补肾益精、防止脱发。

小提示

冬菇要多洗几遍，以防有沙。煨时火不宜大。

松子香蘑：补气益肾

推荐容器：铁锅

材料：松子仁 50 克，水发香菇 500 克，葱、生姜、食用油 100 克适量，鸡油 5 克，盐、味精各 4 克，白糖 25 克，湿淀粉 15 克，糖色少许，鸡汤 250 毫升。

做法：

1. 把大香菇一破两半，小的可不切。
2. 用炒勺烧热葱生姜油，把松子炸出香味，加入鸡汤、料酒、白糖和盐，用糖色把汤调成金黄色，把味精、香菇也放入汤内，用微火煨 15 分钟，用调稀的湿淀粉勾芡，淋入鸡油即成。

营养功效

补气壮阳、益肾。

专家点评

松子仁：松仁富含油脂和多种营养物质，有显著的辟谷充饥作用，能够滋润五脏，补益气血，充养肌增，乌发白肤，养颜驻容，保持健康形态，是良好的美容食品。

香菇：香菇的干制品通常比新鲜的疗效更好，所以做食疗时选择干燥香菇为适宜。若食用新鲜香菇，晒一下效果会更好。

小提示

存放时间较长的松子会产生“油哈喇”味后，不宜食用。

山药酥：活化细胞

推荐容器：铁锅

材料：山药 250 克，黑芝麻 20 克，白糖适量。

做法：

1. 山药去皮，切成长条，加入油中炸至外硬内软、浮起时捞出备用。
2. 将锅用大火烧热，用油滑锅，放入白糖，加水适量至糖溶化，炒至糖汁呈米黄色。
3. 放入炸好的山药块，不停地翻炒，使外皮包上一层糖衣，直至全部包牢。
4. 起锅前，在糖衣未凝固时，撒上炒香的黑芝麻即可。

营养功效

活化细胞、光泽头发。

小提示

好的山药外皮无伤，带黏液，断层雪白，黏液多，水分少。皮可鲜炒，或晒干煎汤、煮粥。去皮食用，以免产生麻、刺等异常口感。

海带炖鸡：软骨散结

推荐容器：不锈钢锅

材料：鸡1只，水发海带400克，料酒、精盐、味精、葱花、生姜片、花椒、胡椒粉、花生油各适量。

做法：

1. 从菜场买来杀好的鸡，用热水洗净，剁成块；将海带洗净，切成菱形块。
2. 锅内放入清水，将鸡块下入锅内，上火烧沸后撇去浮沫，转盛至紫砂锅内。
3. 加花生油、葱花、生姜片、花椒、胡椒粉、料酒、海带块。
4. 炖烧2～3小时至鸡肉熟烂，加入精盐、味精。
5. 烧至鸡肉入味，出锅装汤盆。

营养功效

鸡肉含有丰富的维生素，能润泽肌肤，而海带含有丰富的碘，有软骨散结、乌发之功，清炖鸡大家就吃得多了，加入海带后，更营养有益，也不会觉得太油腻。

小提示

选择干海带时，应挑选叶片较大、叶柄厚实、干燥、无杂物的，选择水发海带时，应选择整齐干净、无杂质和异味的。

第4节 产后减肥食疗方

南瓜炒米粉：润肠通便、塑体减肥

推荐容器：不锈钢锅

材料：干米粉200克，南瓜300克，瘦猪肉150克，洋葱150克，黑木耳100克，虾米10克，酱油、糖、盐、胡椒粉、蔬菜高汤、蔬菜油、香菜各适量。

做法：

1. 将干米粉冷水泡软，沥干；南瓜去皮去子瓤，切条；猪肉、洋葱切丝；黑木耳择净切丝。
2. 虾米放入水中，浸泡片刻取出。
3. 取一小碗，加360毫升水、盐、胡椒粉、糖和酱油，拌至盐和糖溶化，调制成酱料。
4. 炒锅下油，中大火加热。放入虾米、洋葱爆香，随入肉丝，炒至九分熟。加入木耳，炒香后加调味酱料。再加入高汤，沸后下米粉、南瓜丝，拌炒至汤汁收干。加入少许香菜做装饰及增加香味。

营养功效

润肠通便，纤体养颜。

专家点评

虾米：泡发虾米前先用清水冲洗一下，然后放入温水中浸泡至软即可。

洋葱：洋葱富含维生素C、烟酸，它们能促进细胞间质的形成和损伤细胞的修复，使皮肤光洁、红润而富有弹性，具美容作用。洋葱还能刺激肠胃蠕动，帮助燃烧热量，消脂塑身。

小提示

米粉在泡制过程中营养容易流失，因此米粉需搭配各种蔬菜、肉、蛋和调料，从而增加营养。

麻油豇豆：控制热量摄入

推荐容器：铁锅

材料：豇豆 300 克，胡萝卜 50 克，蒜末、香油、麻油、红油、食盐、糖、醋、生抽各适量。

做法：

1. 豇豆洗净切段。
2. 胡萝卜洗净切成小丁。
3. 锅加水加盐豇豆入水焯烫至熟，捞出过凉备用。
4. 材料置盆中加入蒜末及所有调料，拌匀即可。

营养功效

清心健脾，控制热量的摄入。

小提示

麻油最好选择白芝麻所榨的油。

桑椹果粥：低糖高纤维，帮助减肥

推荐容器：电饭煲

材料：桑葚罐头 50 克，糯米 100 克，冰糖适量。

做法：

1. 先将桑葚罐头中的桑葚子捣烂（加入桑葚果汁）备用。
2. 米洗净后加适量清水入砂锅中煮粥，先大火，后小火，粥熟后，加入捣烂的桑葚子和冰糖，稍煮，冰糖后溶化即可。

营养功效

补肝滋肾、益血明目。每日一次，常食。适用于肝肾阴虚所致的视力减退、耳鸣等。

小提示

桑葚不可过量食用，因它含有溶血性过敏物质及透明质酸，过量食用后容易发生溶血性肠炎。

咸鱼炒饭：低热量，减肥瘦身

推荐容器：铁锅

材料：米饭 150 克，咸鱼 40 克，青蒜 20 克，菠菜 75 克，油 20 克。

做饭：

1. 咸鱼去骨及鱼皮，切成米粒状；菠菜梗切成米粒状；蒜苗切粒。
2. 热锅加油，倒入蒜苗、咸鱼翻炒，再倒入菠菜梗小炒后。
3. 将白米饭倒入炒开，即可。

营养功效

菠菜富含各种维生素和矿物质，营养价值极高，然不宜过多食用，以免影响钙质吸收。

小提示

菠菜不宜与鳝鱼、韭菜、黄瓜、瘦肉同食。

番茄玉米汤：降脂减肥

推荐容器：不锈钢锅

材料：玉米粒 200 克，番茄 2 个，香菜末、奶油高汤、盐、胡椒粉适量。

做法：

1. 番茄洗净后用热水汆烫去外皮、去子，切丁。
2. 玉米粒洗净，沥干水分。
3. 锅中加适量奶油高汤煮沸，下入玉米粒、番茄，以盐、胡椒粉调味，共煮 5 分钟，撒入香菜末即可。

营养功效

番茄具有减肥瘦身的效果，玉米所含的粗纤维对于减肥也有帮助。

专家点评

玉米：玉米虽然含有淀粉，但是热量却是米饭的一半，而且玉米含有丰富的膳食纤维，有促进肠胃蠕动，加速排便的作用，有助于预防便秘与大肠癌，对于降低胆固醇、预防动脉硬化亦有助益。

香菜：香菜内含维生素 C、胡萝卜素、维生素 B_1、维生素 B_2 等，同时还含有丰富的矿物质，如钙、铁、磷、镁等，能够补充身体所需的微量元素。

小提示

番茄的皮含有番茄红素，具有很强的抗氧化功效，所以烹调番茄的时候，最好不要把皮去掉。

燕麦大枣粥：清热解毒、消脂减肥

推荐容器：铁锅

材料：大米、糯米、燕麦片、大枣、色拉油各适量。

做法：

1 将大米用冷水浸泡半小时。

2 开水把所有材料下锅，开水煮粥比冷水煮粥更省时间，不会出现糊底的现象。

3 用大火煮开，再转文火即小火熬煮约 30 分钟，改文火后约 10 分钟时点入少许色拉油，做出的粥色泽鲜亮，而且入口别样鲜滑。

营养功效

燕麦不仅好吃，还有很高的营养价值。它含有的钙、磷、铁、锌等矿物质，有预防骨质疏松、促进伤口愈合、防止贫血的功效。

小提示

搅拌粥时，要顺着一个方向搅拌，可以让粥“出稠”，也就是让米粒粒粒饱满，粒粒酥稠。

金黄素排骨：降低热量摄入

推荐容器：不锈钢锅

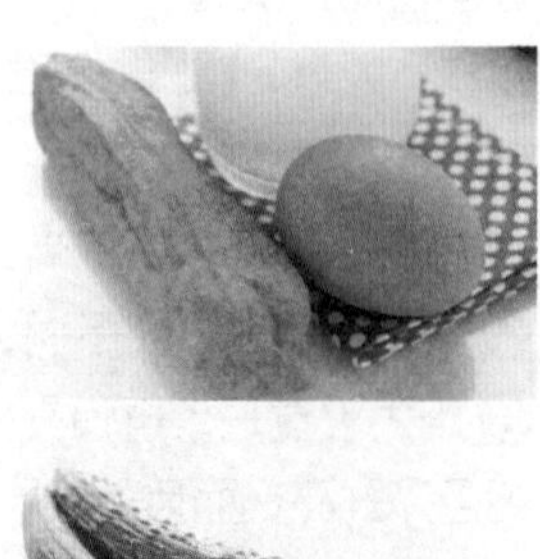

材料：油条4根，黄瓜2根，胡萝卜2根，鸡蛋1个，面粉、番茄酱、糖、盐、醋、淀粉各适量。

做法：

1 油条切成3厘米的段；胡萝卜洗净去皮，切成1厘米见方的条，放入开水中焯熟；黄瓜洗净切滚刀块。

2 用面粉加鸡蛋、水调成糊备用。将胡萝卜条穿入油条中，每一根油条裹一层面糊，放入油锅中炸至金黄，捞出控油。

3 炒锅内放油，将番茄酱、糖、盐、醋、水淀粉倒入，加水烧开，再倒入炸好的油条和黄瓜块，迅速翻炒，炒均匀即可。

营养功效

改善胃口，减少热量摄入。

专家点评

油条：油条酥酥脆脆的口感，似乎天生就应该和着糯米饭团一起入口品尝咀嚼，因此成为饭团不可或缺的配料。不过油条属于高油炸食品，十分油腻，不宜常吃多吃，用在饭团里也不必太多，取其风味即可。

黄瓜：由于黄瓜中含有一种叫作丙醉二酸的物质，它可以抑制搪类物质转化为脂肪，因此，肥胖的人多吃些黄瓜可以收到减肥的功效。

小提示

孕妇不宜多食。

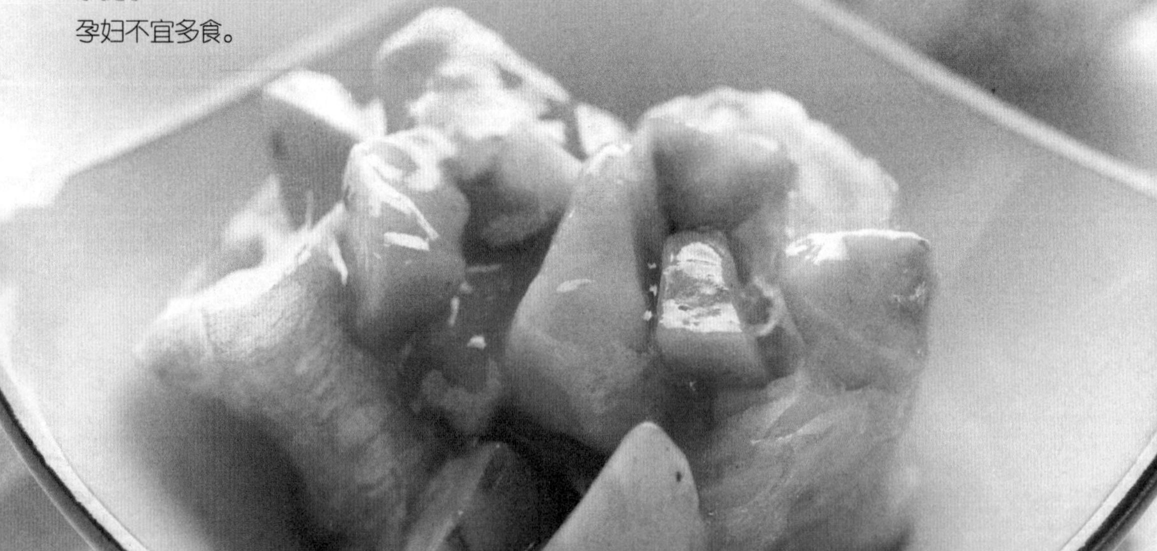

红绿豆瘦身粥：帮助减肥

推荐容器：电饭煲

材料：红豆 100 克，绿豆 100 克，山楂 30 克，红枣 10 枚。

做法：

1. 将红豆、绿豆洗净，浸泡半小时。
2. 将山楂、红枣洗净。
3. 将准备好的材料一起放入锅中，加入适量水炖煮即可。

营养功效

红豆、绿豆都是排毒圣品，并且有高纤维低脂肪的特点，有助于产后妈妈减脂瘦身。

小提示

服用药物的新妈妈不宜食用此粥。

番茄蔬菜汤：消脂瘦身

推荐容器：铁锅

材料：番茄 2 个，土豆 1 个，胡萝卜、西蓝花、洋葱、玉米粒、黄油、盐、黑胡椒、白糖各适量。

做法：

1. 胡萝卜、土豆洗净去皮切成块，洋葱切块，西蓝花洗净掰小朵；番茄洗净去皮，切块，放入搅拌机打成番茄泥。
2. 黄油放入锅中，放入洋葱碎、番茄泥和白糖，炒匀后加水；煮沸后，倒入土豆块、胡萝卜块、玉米粒和西蓝花，煮约 2 分钟，加黑胡椒、盐搅匀即可。

营养功效

消脂瘦身、减肥。

小提示

菜洗干净再用水泡，用泡过菜的水烧汤，味道更好。

虾片粥：补肾益气

推荐容器：电饭煲

材料：大对虾 200 克，大米 50 克，花生油、酱油、葱花、料酒、淀粉、盐、白糖、胡椒面各适量。

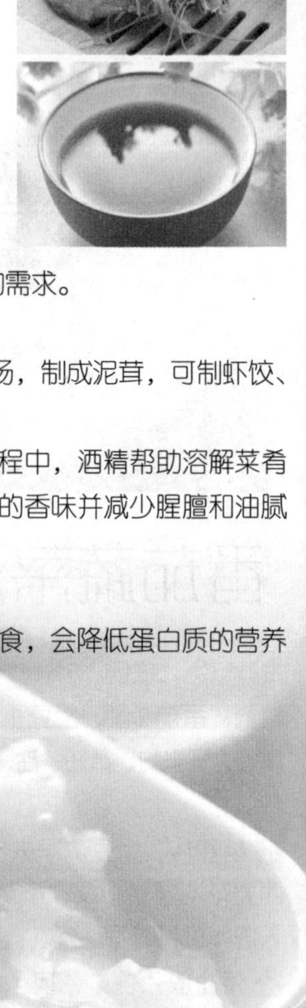

做法：

① 将大米淘洗干净，放入盆内，加大部分盐拌匀稍液；将大虾去壳并挑出沙肠洗净，切成薄片，盛入碗内，放入淀粉，花生油、料酒，酱油、白糖和少许盐，拌匀上浆。

② 锅内放水烧开，倒入大米，开后小火煮 40 ~ 50 分钟，放入浆好的虾肉片，用旺火烧滚，食用时撒上葱花、胡椒面即可。

营养功效

对虾含钙丰富，并具有补肾益气、健身壮力的作用，孕妇常食可补充钙的需求。

专家点评

对虾：对虾可红烧、油炸、甜烤，加工成片、段后，可熘、炒、烤、煮汤，制成泥茸，可制虾饺、虾丸。

料酒：料酒主要用于烹调肉类、家禽、海鲜和蛋等动物性原料。烹调过程中，酒精帮助溶解菜肴内的有机物质，其他料酒内的少量挥发性成分与菜肴原料作用，产生新的香味并减少腥膻和油腻的口感。

小提示

虾含有丰富的蛋白质和钙等营养物质，与葡萄、石榴、山楂、柿子等同食，会降低蛋白质的营养价值，还会刺激肠胃，引起消化不良。

山药糯米粥：降低热量摄入

推荐容器：电饭煲

材料：红米 50 克，糯米 50 克，山药 150 克。

做法：

1 红米、糯米洗净，浸泡 1 小时，山药切丁。

2 坐锅点火，锅内放入红米、糯米和清水，用大火煮开。

3 改小火煮至黏稠时，加入山药丁煮 30 分钟。

营养功效

益气补肾、瘦身。

小提示

大便干燥的新妈妈不宜食用此粥。

牛奶粥：美容养颜、瘦身减肥

推荐容器：电饭煲

材料：鲜牛奶250毫升，大米50克，白糖适量。

做法：

1. 先将大米煮成半熟，去米汤，加入牛奶，文火煮成粥。
2. 再加入白糖搅拌，充分溶解即成。

营养功效

可补虚损、健脾胃、润五脏。

小提示

早晚温热服食，注意保鲜，勿变质。

玫瑰猪肝汤：疏肝理气

推荐容器：铁锅

材料：猪肝 200 克，干玫瑰花 10 克，葱、生姜、盐、淀粉、米酒、香油各适量。

做法：

1. 猪肝洗净切片，放入碗中加淀粉搅拌均匀；葱洗净，切段。
2. 干玫瑰花放入锅中，加水煮 5 分钟，流出汤汁。
3. 将玫瑰汤汁倒入另一锅中煮开，加猪肝片、葱段、生姜片，大火煮至猪肝变色，再加盐和米酒，起锅时滴入香油即可。

营养功效

调理气血、补充元气。

专家点评

猪肝：肝是体内最大的毒物中转站和解毒器官，所以买回的鲜肝不要急于烹调，应把肝放在水龙头下冲洗 10 分钟，然后放在水中浸泡半小时。

干玫瑰：玫瑰花具有强肝养胃、活血调经、润肠通便、解郁安神之功效，可缓和情绪，平衡内分泌，补血气，对肝及胃有调理的作用，舒缓情绪，并有消炎杀菌、消除疲劳、改善体质、润泽肌肤的功效。

小提示

玫瑰以花蕾大，完整瓣厚，不露蕊，香气浓者为佳。

绿豆薏仁粥：消肿除湿

推荐容器：电饭煲

材料：绿豆 20 克，薏仁 20 克。

做法：

1. 薏仁及绿豆洗净后用清水浸泡隔夜。
2. 将浸泡的水倒掉，绿豆和薏仁放入锅内，加入新的水，用大火开。
3. 用小火煮至熟透即可食用。

营养功效

薏仁能够消肿除湿，防止身体浮肿。

小提示

薏仁较难煮熟，在煮之前需以温水浸泡 2 ~ 3 小时，让它充分吸收水分，在吸收了水分后再与其他米类一起煮就很容易熟了。

健美牛肉粥：健美体态

推荐容器：电饭煲

材料：牛里脊 150 克，白米 50 克，高汤 1000 毫升，淀粉、芹菜末、盐、黑胡椒各适量。

做法：

1. 白米洗净沥干。
2. 牛骨高汤加热煮沸，放入白米续煮至滚时稍微搅拌，改中小火熬煮 30 分钟，加盐调味。
3. 牛里脊洗净切细丝，加 4 大匙水拌抓，加入淀粉拌匀，放入碗内。
4. 将滚烫的粥倒入碗内与牛肉丝拌匀，撒上黑胡椒、芹菜末即可食用。

营养功效

补充大量钙质与胶质，可健美体态。

小提示

牛肉不易熟烂，烹饪时放一个山楂、一块橘皮或一点儿茶叶可以使其易烂。

第 5 节 产后丰胸食疗方

猪尾凤爪香菇汤：补充胶原蛋白

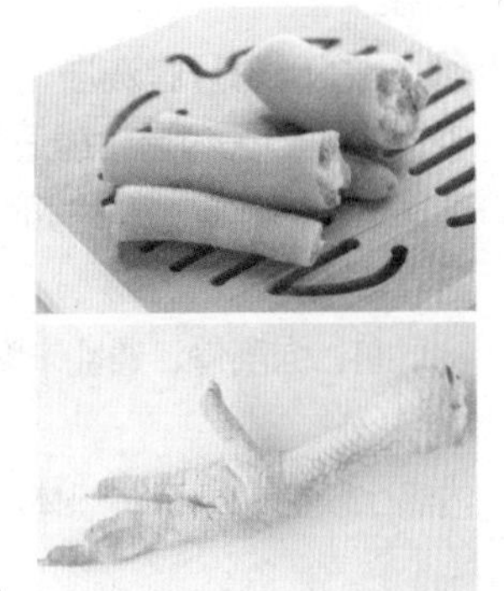

推荐容器：砂锅

材料：猪尾 2 只，凤爪 3 只，香菇 50 克，盐适量。

做法：

1. 香菇泡软、切半，凤爪对切，备用。
2. 猪尾切块并汆烫。
3. 将以上备妥的材料一起放入水中，并用大火煮滚再转小火，约熬 1 小时，再加入少许盐即可。

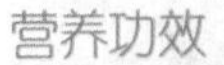

营养功效

此汤含有丰富的钙质及胶原蛋白，多吃不但能软化血管，同时具有美容丰胸功效。

专家点评

猪尾：猪尾有补腰力、益骨髓的功效。猪尾连尾椎骨一道熬汤，具有补阴益髓的效果，可改善腰酸背痛，预防骨质疏松。猪尾中的胶原蛋白具有丰胸作用。

凤爪：鸡脚色泽绛红，皮层胀大而有皱纹，故有皱纹凤爪之称。皮下饱含芡汁，有灌肠之感。食用时皮骨易离，皮软滑，骨酥烂。富含谷氨酸，胶原蛋白和钙质，多吃不但能软化血管，同时具有美容功效。

小提示

猪尾巴皮多胶质重，多用于烧、卤、酱、凉拌等烹调方法。

归芪鸡汤：补气补血

推荐容器：砂锅

材料：鸡 500 克，当归 20 克，黄芪、盐、味精、黄酒各适量。

做法：

1. 将当归、黄芪洗净，加水煎煮，取其煎液备用。
2. 另将母鸡开膛洗净，切成小块，放入砂锅中，加入归芪药汤，加适量黄酒、精盐及适量清水，小火炖煮，炖烂即可。

营养功效

补气血、强筋骨、通乳丰胸。

小提示

内热比较盛，或者湿热体质的人不宜多饮。

花生卤猪蹄汤：促进胸部发育

推荐容器：砂锅

材料：猪蹄 1 只，花生 30 克，盐适量。

做法：

1. 将花生洗净，备用。
2. 猪蹄洗净切块放入开水中焯一下，再拿出备用。
3. 将花生、猪蹄一起放入水中，大火煮开，再文火炖 1 小时。
4. 加入适量盐即可。

营养功效

花生脂肪含量高，猪蹄富含胶质，能够促进胸部发育。

小提示

作为通乳食疗时应少放盐、不放味精。

木瓜炖鱼：丰胸塑身

推荐容器：砂锅

材料：木瓜半个，鲤鱼 1 条，盐适量。

做法：

1 先将木瓜洗净并切块，再放入水中熬汤，先以大火煮磙，再转小火炖约半小时。

2 再将鱼切块，放入一起煮至熟，并加少许盐即可。

营养功效

木瓜含有丰富的木瓜酵素和维生素 A，是促进胸部细胞发育的天然荷尔蒙。同时，木瓜含有的蛋白酶还能促进身体对蛋白质的吸收，让肌肤的新陈代谢正常，充满弹性。

专家点评

木瓜：新鲜的木瓜一般的带有点儿苦、涩味，果浆味也比较浓。有助消化、润滑肌肤、分解体内脂肪、刺激女性荷尔蒙分泌、刺激卵巢分泌雌激素等功效。

鲤鱼：鲤鱼鱼腹两侧各有一条同细线一样的白筋，去掉可以除腥味；在靠鲤鱼鳃部的地方切一个非常小的口，白筋就显露出来了，用镊子夹住，轻轻用力，即可抽掉。

小提示

木瓜中的番木瓜碱，对人体有小毒，每次食量不宜过多，过敏体质者应慎食。

对虾通草丝瓜汤：调理气血、通乳丰胸

推荐容器：不锈钢锅

材料：对虾 2 只，通草 6 克，丝瓜络 10 克，食油葱段、生姜丝、盐各适量。

做法：

1. 对虾、通草、丝瓜络收拾干净，入锅加水煎汤。
2. 同时下入葱、生姜、盐，用中火煎煮将熟时，放入食油，烧开即成。

营养功效

对虾、通草、丝瓜络食物与中草药，配成汤菜，可通调乳房气血，通乳和开胃化痰功效。

小提示

通草加上两只海马，用纱布包好，放在老母鸡肚子里煮，下奶效果最佳。

木瓜炖牛奶：益气丰胸

推荐容器：不锈钢锅

材料：木瓜 1 个，牛奶 200 毫升。

做法：

1. 将木瓜洗干净切块，把子弄干净。
2. 锅放水，放木瓜，放冰糖，中小火煮开，揭盖继续煮，直到只剩适量的糖水时候倒入牛奶没过木瓜，小火煮开即可。

营养功效

瓜中的凝乳酶有通乳作用，番木瓜碱具有抗淋巴性白血病之功，因此可用于通乳及治疗淋巴性白血病（血癌）。

小提示

木瓜不宜在冰箱中存放太久，以免长斑点或变黑。

脆爽鲜藕片：催乳丰胸

推荐容器：铁锅

材料：莲藕 300 克，胡萝卜 2 根，盐、白醋、味精、香油适量。

做法：

1. 莲藕、胡萝卜均洗净，去皮、切片。
2. 藕片、胡萝卜片放入沸水中焯熟，捞起。
3. 将焯熟的藕片和胡萝卜片放入凉开水中浸泡一下取出，沥干水分。
4. 加适量盐、味精、白醋、香油、拌匀即可。

营养功效

此菜鲜爽可口，可催乳丰胸。

专家点评

莲藕：莲藕生食能凉血散瘀，熟食能补心益肾，可以补五脏之虚，强壮筋骨，滋阴养血。莲藕还具有补气血、通乳的作用，想要丰胸通乳的新妈妈可食用。

白醋：白醋可用于烹制带骨的原料，如排骨、鱼类等，可使骨刺软化，促进骨中的矿物质如钙、磷溶出，增加营养成分。

小提示

莲藕在挑选时注意选择藕节均匀、表面光洁并且颜色自然的，不要选择过白的莲藕。

香菜鸡蛋汤：开胃健脾

推荐容器：铁锅

材料：鸡蛋 4 个，香菜 20 克，盐，味精，香油，白胡椒粉适量。

做法：

1. 鸡蛋打散，香菜洗净切段。
2. 锅里下少量油把鸡蛋摊熟，用铲子切小块。
3. 倒入适量开水煮开。
4. 撒香菜，加香油、盐调味。

营养功效

发汗透疹、丰胸润肤。

小提示

香菜有损人精神、对眼不利的缺点，因此不可多食、久食。

萝卜鲜虾：高纤维，低热量

推荐容器：砂锅

材料：草虾 200 克，红萝卜、白萝卜各 50 克，柴鱼片 50 克，食盐适量。

做法：

1. 草虾洗净备用，白萝卜、红萝卜分别洗净、去皮、切大块。
2. 锅中入水加入白萝卜、红萝卜及柴鱼片一起煮至萝卜熟烂后，再放入草虾。
3. 待水滚后，加入调味料即可。

营养功效

热量低、高纤维，又有饱足感。

小提示

虾含有丰富的蛋白质和钙等营养物质，与葡萄、石榴、山楂、柿子等同食，会降低蛋白质的营养价值，还会刺激肠胃，引起消化不良。

鲜虾西芹：养血固肾

推荐容器：铁锅

材料：虾 200 克，西芹 100 克，泡椒、盐、淀粉、胡椒粉、醋、鸡精、生姜汁、柠檬汁、白砂糖、生抽、植物油各适量。

做法：

1. 将鲜青虾除尽头、壳，用刀剖开背部取出沙肠，洗净，沥干水分，入盆加盐、蛋清淀粉抓匀，放入冰箱内存放 3 分钟后取出。
2. 西芹洗净，切成斜刀块。
3. 泡红辣椒切成马耳片。
4. 碗内加盐、湿淀粉、胡椒粉、醋、鸡精、生姜汁、柠檬汁、白糖、生抽、高汤兑成味汁。
5. 炒锅置火上，加植物油烧至五成热，放入虾仁滑散，推动，防止粘连，炸至呈色红时捞出。
6. 锅内留底油，烧至五成热，放入泡红辣椒片、西芹块炒香，加入炸虾仁翻炒，烹入味汁推匀，翻炒几下，起锅装盘。

营养功效

此菜能够养血固肾，丰胸。

专家点评

西芹：西芹又名西洋芹菜，其营养丰富，富含蛋白质、碳水化合物、矿物质及多种维生素等营养物质，还含有芹菜油，具有降血压、镇静、健胃、利尿等疗效。

柠檬：柠檬酸味极浓，伴有淡淡的苦涩和清香味道。柠檬汁含有糖类。维生素 C、维生素 B_1、维生素 B_2，烟酸、钙、磷、铁等营养成分。柠檬汁为常用饮品，亦是上等调味品，常用于西式菜肴和面点的制作中，能清爽口感、增强免疫力、延缓衰老。

小提示

虾不宜与猪肉同食，损精。

三鲜冬瓜：清热利尿、补充优蛋白

推荐容器：铁锅

材料：冬瓜 200 克，海带 200 克，虾皮 50 克，食用油，葱花，盐各适量。

做法：

1 冬瓜去皮切成片。

2 干虾皮一两左右就可以。

3 泡好的海带切段。

4 锅内放入底油，直接将虾皮放进去，同时葱花也放进去。

5 将冬瓜和海带放进去翻炒，翻入少许盐，因为虾皮是咸的哦，冬瓜炒软后可出锅。

营养功效

鲜虾搭配冬瓜能够清热利尿，健美塑身。

小提示

海带、虾皮提鲜，以素为本，不可再加其他荤腥。

番茄烧豆腐：丰胸美肤

推荐容器：铁锅

材料：番茄 200 克，豆腐 150 克，植物油、酱油、盐、味精、白糖各适量。

做法：

1 将番茄用开水烫一下，剥去皮，去掉子，切成厚片；豆腐切成块。

2 将炒锅放入油，烧热后放入番茄炒 1 ~ 2 分钟，把豆腐放入，加入酱油，精盐和白糖、滚几滚、撒入味精即可。

营养功效

养阴凉血、健胃消食。

小提示

豆腐最好用北豆腐，太嫩的豆腐易碎炖不住，烧之前要用沸水氽烫，这样就更不会碎了。

红枣花生煲鸡爪：补充胶原蛋白

推荐容器：砂锅

材料：鸡爪6只，花生30克，红枣10颗。

做法：

1 鸡爪剪去爪尖，洗净。

2 锅里放水放两片生姜，煮开后放鸡爪绰水。

3 捞出用流动的水洗干净；红枣去核；花生洗干净。

4 把鸡爪，花生和红枣一起放入锅中，放足量冷水，倒入少许料酒，大火煮开后，如果有浮末撇去，转小火慢煲一个半小时。食用前加少许盐即可。

营养功效

补益气血、丰胸。

专家点评

花生：花生性平味甘，入脾、肺经。可以醒脾和胃、润肺化痰、滋养调气、清咽止咳。对营养不良、食少体弱、燥咳少痰、咯血、齿衄鼻衄、皮肤紫斑、产妇乳少及大便燥结等病症有食疗作用。

红枣：红枣富含多种维生素和氨基酸，以及钙、铁等多种微量元素，为补养佳品，食疗药膳中常加入红枣补养身体、滋润气血。

小提示

红枣核上火，所以煲汤前需要把核去掉，用剪刀剪开然后把核取出即可。

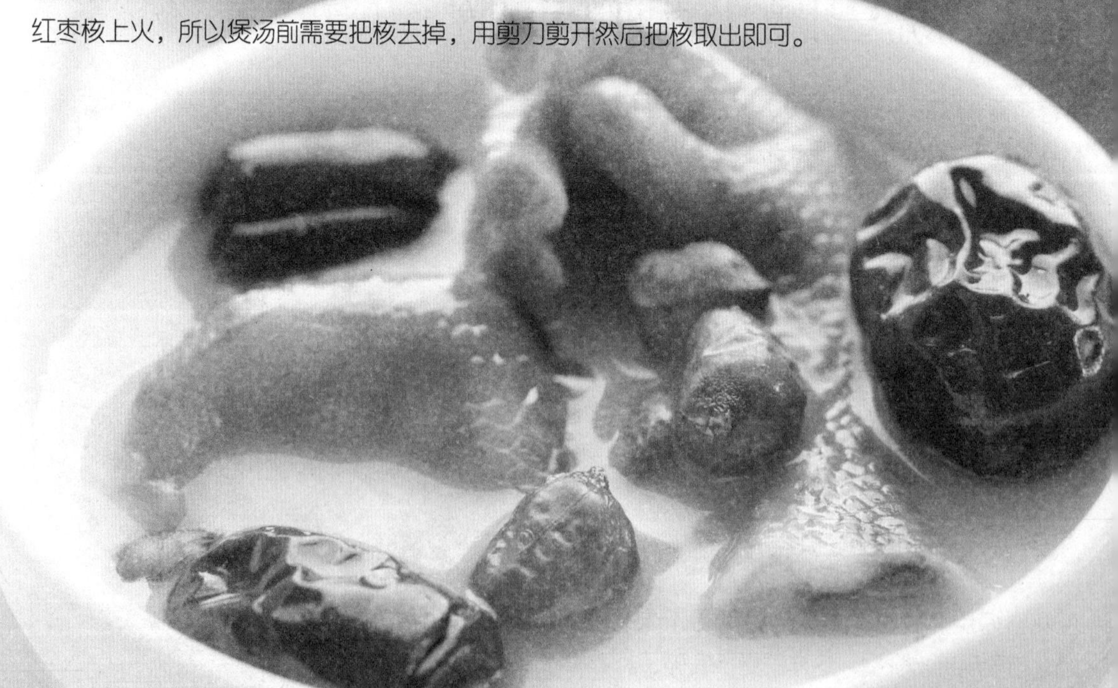

枸杞醪糟酿蛋：温经健脾

推荐容器：砂锅

材料：银耳 10 克，枸杞 10 克，莲子 15 克，鹌鹑蛋 80 克，醪糟、冰糖、蜂蜜各适量。

做法：

1. 将银耳温水泡发，撕成小块；枸杞洗净；莲子提前泡软。
2. 锅内放水，煮莲子至软，放入银耳、冰糖煮 30 分钟。
3. 最后放入醪糟，开锅后，放入打散的鹌鹑蛋，放入枸杞，待温度低一点儿时放入蜂蜜即可。

营养功效

温经健脾，丰胸。

小提示

有酒味的枸杞已经变质，不可食用。

黑豆核桃炖鸡脚：丰胸减肥

推荐容器：砂锅

材料：鸡腿 3 只，核桃 3 个，黑豆适量，生姜片 2 片，红枣 2 颗。

做法：

1. 鸡腿洗净，用热水稍稍泡一下；核桃去壳掰成几块；黑豆洗净浸泡半小时。
2. 把所有材料放入炖盅，加水。
3. 等电饭煲的水开了之后，放炖盅下去，炖 90 ~ 120 分钟即可。

营养功效

补充胶原蛋白、丰胸。

小提示

鸡肉里含有谷氨酸钠，加热后能自身产生鲜味。烹调鲜鸡时，只需放适量油、盐、葱、生姜、酱油等，味道就很鲜美，如再加入花椒、茴香等厚味的调料，反而会把鸡的鲜味驱走或掩盖掉。